信息安全保障人员认证培训教材

信息安全风险管理

XINXI ANQUAN FENGXIAN GUANLI

中国信息安全认证中心

◎主 编 张 剑 ◎副主编 廖国平 汤 亮

★★★ CISAW ★★★

（修订版）

电子科技大学出版社

图书在版编目（CIP）数据

信息安全风险管理 / 张剑主编. —修订版. —成都：电子科技大学出版社，2016.12（2018.6 重印）

ISBN 978-7-5647-4105-1

Ⅰ. ①信… Ⅱ. ①张… Ⅲ. ①信息安全－风险管理 Ⅳ. ①TP309

中国版本图书馆 CIP 数据核字（2016）第 321035 号

内 容 提 要

本书从信息安全风险管理模型出发，以信息安全风险管理为重点，全面介绍信息安全风险管理的基本概念、信息安全风险管理相关国际以及国家标准、信息安全风险评估技术、信息安全风险处置以及信息安全风险管理实例。

本书以信息安全风险管理为主线，内容结构合理，层次分明，重点明确，注重信息安全风险管理实践应用。

本书是信息安全保障人员认证考试用书之一，既能供信息安全保障人员培训使用，也可供对信息安全风险管理感兴趣的阅读者使用。

信息安全风险管理（修订版）

主 编 张 剑

副主编 廖国平 汤 亮

出　　版：电子科技大学出版社（成都市一环路东一段 159 号电子信息产业大厦　邮编：610051）

策划编辑：万晓桐　徐守铭

责任编辑：万晓桐　徐守铭

主　　页：www.uestcp.com.cn

电子邮箱：uestcp@uestcp.com.cn

发　　行：新华书店经销

印　　刷：成都市火炬印务有限公司

成品尺寸：185mm×260mm　　印张 9.5　字数 240 千字

版　　次：2016 年 12 月第二版

印　　次：2018 年 6 月第二次印刷

书　　号：ISBN 978-7-5647-4105-1

定　　价：60.00 元

◆ 本社发行部电话：028-83202463；本社邮购电话：028-83201495。

◆ 本书如有缺页、破损、装订错误，请寄回印刷厂调换。

丛书编委会

编 写 组

主　　编：张　剑

副 主 编：廖国平　汤　亮

编著人员：成林芳　王　刚　李　源

吴芳琼　尹远飞　雷　冰

段先斐　朱灿庭

编委人员：潘　伟　林　利　邓　燕

徐　俊　陈　琛

序

2014 年，我国提出了建设网络强国战略与目标。实现网络强国，培养和造就网络与信息安全人才队伍是关键。据调查，截止到 2014 年年底，国内网络与信息安全人才缺口高达 50 万人，并呈现持续增长的趋势。加快人才培养是我国经济社会发展和信息安全体系建设中的一项长期性、全局性和战略性的任务。

作为我国专业信息安全认证机构和培训机构，中国信息安全认证中心以保障国家网络与信息安全为已任，于 2011 年推出了信息安全保障人员认证（CISAW）。CISAW 认证是面向 IT 从业人员、在校学生，特别是与网络与信息安全密切相关的高级管理人员、专业技术人员推出的人员资格认证和专业水平认证。CISAW 认证的推出和实施，为培养和造就我国网络与信息安全人才探索了一条有效途径，得到了业内专家和社会各界的好评。

推行 CISAW 认证，编写高质量的教材尤为重要。鉴于此，中国信息安全认证中心组织国内信息安全保障的专业技术和应用领域的专家，依据《信息安全保障人员认证考试大纲》要求，结合信息安全保障工作的各岗位知识和应用能力要求，共同编著了信息安全保障人员认证系列教材，其中包括《信息安全技术》《信息安全技术应用》和《信息安全实验》3 等本基础教材；《软件安全开发》《信息系统安全集成》《信息安全管理》《信息安全咨询手册》《信息系统安全运维》《信息系统安全审计》《信息安全风险管理》《网络攻防技术》《业务连续性管理》《云计算安全》《物联网安全》《电子认证技术》和《工业控制信息安全》等 13 本专业技术应用教材；《电子政务安全》《电子商务安全》《CA 服务安全》《交通服务信息安全》《能源服务信息安全》《医疗卫生信息安全》《教育服务信息安全》《金融服务信息安全》《通信服务信息安全》《宾馆服务信息安全》和《物流服务信息安全》等 11 本应用领域教材。

本系列教材以实用为首要原则，从统一的信息安全保障模型出发，构建了包括信息安全技术基础知识、信息安全专业技术知识和应用领域安全保障管理知识的完整信息安全保障知识体系。既是广大 CISAW 认证申请者的考试指导用书，同时也是广大信息安全保障工作者的工作指南和参考用书。

希望本系列教材的出版，能为广大信息安全保障从业者学习、工作和申请认证提供指导和帮助。

是为序。

中国信息安全认证中心主任　魏　昊

2014 年 12 月 28 日

前　言

《信息安全风险管理》是“信息安全保障人员认证（Certified Information Security Assurance Worker，CISAW）”系列考试用书中正式推出的一本风险管理参考用书，是CISAW的信息安全知识体系中风险管理的核心内容。

本书力求从实践需要出发，讨论当前信息安全保障工作中的风险管理技术。全书共分为5章，第1章从信息安全风险管理基本模型出发，阐述风险的起源、特性、要素及其关系和风险管理的基本概念；第2章从信息安全风险管理标准出发，阐述ISO/IEC31000、ISO/IEC13335、ISO/IEC27005、卡内基梅隆OCTAVE、GB/T20984等相关标准的内容；第3章关注的是风险管理中的风险评估这一核心要素，详细阐述了信息安全风险评估内容，主要按照风险识别、风险分析、风险评价这样一条主线展开论述，同时辅以部分实例进行说明；第4章从风险处置的角度出发，详细阐述风险处置的过程框架，并讨论了几种典型的风险处置措施及其应用；第5章则是从整体的角度出发，依照本书中第1章提出的风险管理基本模型，以一个实际项目作为案例，对整个风险管理的实施过程进行论述。

本书按照信息安全保障人员认证考试大纲的要求进行编写，适合广大申请认证考试的人员使用；同时，也适合所有从事信息安全风险管理相关工作的人员以及期望了解信息安全风险管理相关知识的人员使用。

本书在编写过程中，得到了中国信息安全认证中心和《信息安全保障人员认证考试用书》编委会的大力支持，在此表示衷心的感谢。

在出版过程中，得到了四川亚和企业咨询管理有限公司的多方支持，在此表示衷心感谢。

本书的编写参考或引用了国内外同行的大量文献资料，在此向这些文献资料的作者表示衷心感谢。

编　者

目 录

第 1 章 概 述

1.1 风 险 起 源

1.1.1 风险概念的由来

“风险”一词由来已久，最普通的说法是：以打鱼捕捞为生的渔民们，每次出海前都要祈祷，祈求神灵保佑自己能够平安归来，其中祈求的主要内容就是让神灵保佑自己在出海时能够风平浪静、满载而归；他们在长期的捕捞实践中，深深地体会到“风”给他们带来的无法预测、无法确定的危险，他们认识到，在出海捕捞打鱼的过程中，“风”即意味着“险”，“风险”一词也因此而得来。

另一种经由多个研究者论证的“源出说”称，风险（risk）一词是舶来品，一部分人认为其来源于阿拉伯语，也有一部分人认为其来自于西班牙语或者是拉丁语，但公认度较高的一种说法是“风险”一词来源于意大利语的“RISQUE”。在最初的运用中，风险也是被理解为客观存在的危险，例如在航海过程中遇到的礁石、风暴等事件或者其他一些非正常的自然现象。

人们对于风险的理解和定义是随着人类文明的进步而不断发展和变化的。大约到了 19 世纪，经过两个多世纪的发展，风险的概念与人类的决策和行为后果有了更为紧密的联系，并且逐渐被视为影响个人和群体事件的特定方式。“风险”一词的使用，也从早期的航海贸易行业和保险业渐渐衍生到其他行业之中。

现代意义上的风险，已经大大超越了“遇到危险”的狭义含义，而是“遇到破坏或损失的机会或危险”。到了近现代社会，风险一词越来越被概念化，并随着人类活动的复杂性和深刻性而逐步深化，且被赋予了更广泛更深层次的含义。从风险的概念出现到目前，人们对于风险的理解一直在不断地发展和演进中：1987 年，Wison 在 *SCIENCE* 杂志上发表了风险相关的文章，并将风险的本质阐述为“不确定性，定义为期望值”；1989 年，Maskrey 定义风险是“某种自然灾害发生的可能性”；1991 年，联合国赈灾组织定义“风险是在特定的区域以及给定的时间段内，由某种自然灾害而导致的人们生命财产和经济活动的期望损失值”；1997 年，Tobin 和 Montz 定义“风险是某一个灾害发生的可能性概率和期望损失的乘积”；1998 年，Deyle 定义“风险是对某一灾害概率与结果的描述”；2007 年 6 月，ISO（国际标准化组织）技术管理局将风险定义为“对目标的不确定性影响（effect of uncertainty on objectives）”。

1.1.2 风险定义

ISO/IEC 31000 将风险的定义为：“对目标的不确定性影响。”

从 ISO 技术管理局对风险的定义可以看出，风险是一种影响，影响可能是正面的，也可能是反面的。正面的影响会给我们带来机会与利益，相反就会给我们带来威胁与损失。就像我们平常坐飞机存在失事的风险，正常情况下，飞机可以让我们到达目的地的旅途时间大为缩短，然而，一旦飞机失事，我们付出的可能就是生命的代价。风险被人们大致划分成三个类型：

- 危险因素（或者纯粹的风险），如盗窃等；
- 控制性风险（或者不确定性风险）；
- 机会（投机性）风险，如企业的投资行为等。

风险是针对某个目标而言的，离开了目标而谈论风险是没有任何意义的。目标是组织的目标或者利益相关方的目标，并且它是具体的，而不是抽象的。

风险往往具有潜在事件与后果，或者潜在事件与后果两者相结合的特征。从这一点我们可以看出，事件是风险的一个载体。如果没有安全威胁事件，就谈不上安全威胁事件的可能性及其影响，而没有了可能性与影响，风险也就无从谈起。所以，在我们的风险评估实践中，风险是由可能性与后果的组合来计算的。

当然，能够影响目标的因素有很多种，风险所涉及的只是其中的一种因素，那就是“不确定性”。从 ISO 对风险的定义我们可以看得出来，“不确定性”是风险最本质的特征，它指的是缺乏或者部分缺乏对某个事件及其后果或者该事件发生的可能性的相关信息的了解或者认识的状态。不确定性包含事件发生与否的不确定、发生时间的不确定与影响结果的不确定。

本书重点关注的内容是信息安全风险，对于信息安全风险，本书的定义为“威胁利用脆弱性对风险管理对象所造成的不确定性影响”。

这个概念跳出了传统的“为了安全信息而信息安全”的理解，它强调的是基于业务风险方法来组织信息安全活动，其本身只是整个管理体系的一部分。这就要求我们站在全局的观点来看待信息安全问题。

1.1.3 风险管理的历史

根据维基百科定义，风险管理（Risk Management）是一个管理过程，包括对风险的定义、测量、评估和应对风险的策略。风险管理的目的是将能够避免的风险、成本以及损失最小化。

实际上，风险管理的思想可以追溯到远古时期。面对自然灾害、疾病和外部侵扰，史前人类结为部落，互助互济，共同承担责任，并对各种风险提供保障的方式，这其中渗透着最朴素的风险管理意识和简单的风险管理实践。与风险抗争的长期实践，使人们明白了居安思危、防患于未然的道理，由此产生了早期风险意识和风险管理行为的萌芽。例如，古代中国、古巴比伦、古埃及、古希腊和古罗马等文明古国，很早就有互助共济、损失分摊的风险处理方法，并逐渐演变成现代保险。

自 20 世纪 30 年代风险管理的思想理论开始萌芽后，风险管理逐渐以学科的形式发展起来，并形成了独立的理论体系。此时，风险管理主要运用于企业管理领域，主要目的是对企业的人员、财产和自然、财务资源进行适当保护，风险管理以保险为核心。1950

年，美国学者格拉尔（Russell B.Gallagher）首次使用“风险管理”一词，风险管理的概念开始广为传播。风险管理逐渐成为企业管理领域的一门独立学科。与此同时，有关风险管理的教育和培训的陆续展开以及风险管理咨询公司的出现，推动了风险管理的普及。同时，美国许多大学的工商管理学院和保险系都普遍讲授风险管理课程，将风险管理的教育和培训贯穿于经济管理课程中，许多大学将传统的保险系更名为风险管理与保险系，有关的保险团体也纷纷改名。业界也开始广泛用“风险经理”的职衔来代替“保险经理”的职衔。

20世纪70年代后，风险管理在欧洲、亚洲、拉丁美洲等一些国家和地区获得了广泛的传播，被公认为企业管理领域内的一项重要内容，控制企业环境中的风险和不确定性已成为企业管理的核心问题。同时，风险管理逐步规范化、标准化和程序化，管理方法不断丰富，管理领域不断扩大，逐渐扩大到了社会管理领域，成为政府管理和制定政策的重要方面，科学家成为风险管理的主角。

在20世纪70年代以前，风险管理主要研究工矿企业的生产安全、投资风险、保险等风险以及地震、海啸、暴风雨、洪水、火灾等自然风险，并涉及核电站设计安全、飞机设计安全等重大工程项目的可靠性和相关风险问题。自20世纪70年代开始，由于技术进步和技术应用的不确定性，环境、公共安全和健康问题引起了社会公众的关注，学术界开始从环境和社会结构的角度来研究技术风险、健康风险等，并逐步扩大到社会风险等其他领域。随着人口、资源与环境之间矛盾的加大，除了深化技术风险的研究外，人们开始研究涉及人类生存的重大风险问题，如贫困、全球气候变化、能源短缺、核技术和生物技术的控制、全球化、自然灾害中的生命线安全、环境污染、转基因食品安全、禁止克隆人类等热点和焦点问题。在风险管理的应用范围上，由于风险管理中损失控制技术具有极强的普遍性，所以国外企业界、金融界以及政界和军界都在应用风险管理的知识来进行风险规避。特别是在核能管制、环境、能源、公众健康等公共政策制定过程中，公共部门决策者也开始探索使用风险分析的理论与方法。

随着人们对风险的复杂性、多样性、交叉性和不确定性有了进一步的了解，人们从各种技术风险问题中抽象出一些共性的东西。在风险管理方面，人们不仅研究风险事件发生概率的组合，而且更加深入地研究各种风险值模型，计算复杂性系统中各种风险事件出现的可能性。与此同时，在风险管理的技术上，随着计算机和高灵敏度测量仪器功能的不断增强，越来越多的研究者根据实际问题的环境条件建立数学模型进行模拟试验，进行风险分析。

从研究内容来看，理论界开始把风险管理看作是自然科学、社会科学交叉的综合领域。自然科学家们坚持风险客观说理论，试图寻找量化、度量、具体化、计算、科学化、明确风险的途径，他们认为风险可以而且应该被精确和准确地量化。1983年，美国科学院公布了风险评价的四段法：危险识别、暴露评估、剂量-反应评估、风险描述。1983年，风险与保险管理协会（RIMS）通过了“101条风险管理准则”，作为各国风险管理的一般原则，成为风险管理科学化、规范化的标志。从澳大利亚/新西兰风险管理标准（Risk Management，AS/NZS4360）的实施开始，一些发达国家纷纷效仿，制定全国性风险管理标准，指导和推动风险管理的发展。相反，社会学家们则提出风险主观说的理论，将风险当作有机的文化结构，认为对风险的测量、理解和管理行为同时也改变了风险本身。管理风险不应只注重技术与财务，还应该注重个人行为与文化社会背景的影响。为此，英国学者道格拉斯（Mary Douglas）和拉什（Scott Lash）提出了风险文化理论，强调根据不同的价值观和信念可以把人们划分成若干文化群体；吉登斯（Anthony Giddens）提出了“失控的世界”和“人造风险”的观点；德国学者贝克（Ulrich Beck）提出了风险社会理论。这些学者从社会科学的角度来研究风险，强调要将公众的风险观点引入到政策实施中来，理解和接纳公众的风险意识作为有效的风险管理策略的基础，而且还研究风险意识与性别、种族、政治观点、从属关系、情感以及信任程度等的关系。这些风险主观说的理论对风险管理的传统思维冲击很大。

20 世纪 70 年代中期之后，风险管理的概念、原理和实践已从美国传播到加拿大和欧洲、亚洲、拉丁美洲的一些国家，美、英、日、法、德等国纷纷建立全国性和地区性风险管理协会。2001 年“9•11”事件后，风险管理进入了一个新的阶段，开始得到各国政府普遍重视，并获得了全方位的发展。各国纷纷投入大量的人力、物力和财力，强调政、研、企多方合作，开展风险管理的理论研究和实际运作。各种国家层面的综合风险管理机构以及跨国、国际性综合风险管理机构纷纷成立。综合风险管理机构最具代表性的是国际风险治理理事会（International Risk Governance Council，IRGC）和“欧洲诚信网络”（Trust net）。2003 年，由有影响力的政府官员、科学家和其他领域专业人士组成了国际风险治理理事会（IRGC），将风险管理从民间学术交流和企业自发推动的层次上升到政府行为层次，标志着政府将在关系国计民生的风险评价和风险管理中发挥更大作用。此外，在国家层面上，许多国家开始建立自己的综合风险管理机构。例如，2001 年，韩国成立了综合性风险管理学会——韩国风险治理学会（Korean Society for Risk Governance，KSRG），该学会由全职相关领域专家组成，包括自然灾害、意外事故、核能、环境、气候、信息系统、公共卫生和健康、生物工程（转基因食品）、食品安全、药物、纳米材料、年龄老化、犯罪、风险心理学和认知学等社会科学和自然科学领域的专家。

从发展趋势来看，风险管理已成为多学科交叉的前沿管理领域，综合了自然科学与社会科学、工程技术与管理科学等多学科和多领域。

理想中的风险管理在事先就已经排定好优先次序，对于引发最大损失以及发生概率最高的事件可以优先处理，然后再对风险相对比较低的事件进行处理。实际情况中，由于风险与发生概率往往不一致，很难对处理顺序进行事先排序，因此需要衡量两者的比重，从而做出最合适的判断。

1.2 信息安全风险管理

伴随着信息技术的飞速发展和社会信息化进程的不断加快，国民经济乃至国家安全对信息和信息系统的依赖程度越来越大。因此，信息的安全性已经引起了国家的高度重视。信息安全管理是对一个组织或机构中信息系统的生命周期全过程实施符合安全等级责任要求的科学管理，它包括：落实安全组织及安全管理人员，明确角色与职责，制订安全规划；开发安全策略；实施风险管理；制订业务持续性计划和灾难恢复计划；选择与实施安全措施；保证配置、变更的正确与安全；进行安全审计；保证维护支持；进行监控、检查，处理安全事件；安全意识与安全教育；人员安全管理等。

信息安全管理的本质是风险管理，安全与风险是密不可分的，没有绝对的安全也没有彻底的风险。信息安全风险管理是一个持续的管理过程，整个过程包含建立合适的风险管理框架、实施风险评估、利用风险处置计划来实施风险建议和决策并处置风险，最后通过对整个管理过程实施评审以达到整个管理过程的持续改进。信息安全风险管理过程适用于整个组织或者其中的任何部分（如部门、物理区域甚至是一个服务），它也适用于任何的信息系统。

企业的信息安全风险管理应该成为企业管理的组成部分，首先应该制定信息安全管理的策略方针，在此基础上选择控制目标和控制方式，还需考虑控制成本与风险平衡的原则，将风险降低到组织可以接受的水平，整个管理过程需要全员参与，实施动态管理。信息安全管理具有风险管理的基本特征，是遵循 PDCA 环的持续性过程。

有效的风险管理是建立在一定的模型之上的。模型是人们认识和描述客观世界的一种方法。在信息安全保障阶段，通常的模型有：PDR（保护、检测和响应）、PPDR（安全策略、保护、检测和响应）、PDRR（保护、检测、响应和恢复）、MPDRR（管理、保护、检测、响应和恢复）和 WPDRRC（预警、保护、检测、响应、恢复、反击）等动态安全模型。

WPDRRC 安全模型是我国 863 信息安全专家组在 PDR 模型、P2DR 模型及 PDRR 模型的基础上提出的适合我国国情的网络动态安全模型。WPDRRC 模型在 PDRR 模型 4 个环节的基础上增加了预警（Warning）和反击（Counterattack）两个组件，共计 6 个环节。它们形成了具有动态反馈关系的整体。预警环节根据已掌握的系统脆弱性以及威胁发展趋势，去预测未来可能受到的攻击与危害；反击则是采用一切可能的技术手段，获取有关威胁行为的线索与证据，形成强有力的取证能力和依法打击手段。在 WPDRRC 安全模型的基础上，结合实际应用与认证体系，提出了 CISAW 信息安全保障模型，通过把 CISAW 信息安全保障模型应用到信息安全风险管理领域，得出了一个实际可行的信息安全风险管理模型，如图 1-1 所示。

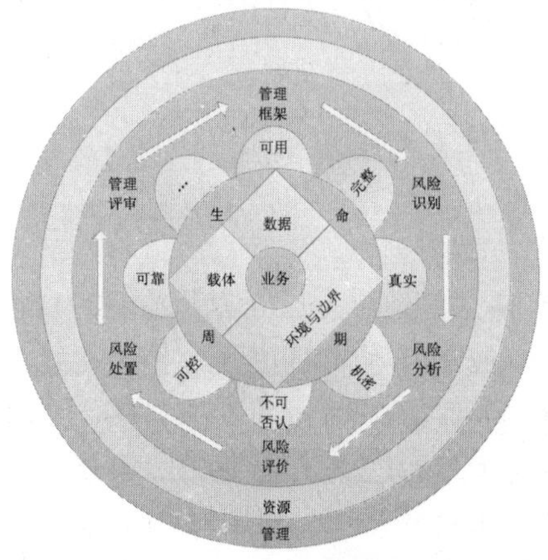

图 1-1　信息安全风险管理模型

1.2.1 信息安全风险管理对象

图 1-1 所示的信息安全风险管理模型中，从核心管理对象——“业务”出发，具体解决数据、载体、环境与边界四个对象全生命周期的信息安全风险管理问题，提供可用性、完整性、真实性、机密性、不可否认性（抗抵赖性）等若干安全属性，并综合协调管理人、技术、财务、信息四类主要资源，在管理框架、风险识别、风险分析、风险评价、风险处置和管理评审的六个环节上实现信息安全风险的管理与监视评审。

1. 本质对象

信息安全风险管理的本质对象是“业务”，“业务”是一个组织的正常运转的核心活动。业务的连续性直接关系到组织是否能够正常履行其职能。组织业务的保障需要组织投入人力、物力和财力资源，维持组织业务的开展。随着信息化水平的提高，业务信息资源的依赖性愈来愈大。与此同时，信息资源所面临的威胁也是越来越多，针对信息资源的攻击手段也越来越多样化。因此，信息资源受到了来自各个方面（主要包括技术与管理两个方面）的风险的威胁。从而使得信息安全风险管理成为信息化组织所必不可少的环节。

例如，某游戏网站业务完全依赖于实时在线的众多游戏玩家，如果该游戏网站遭遇到 DDoS（Distributed Denial of Service）攻击，将使众多玩家无法正常进入网站进行游戏，这会使得玩家对该网站失去兴趣。然而，由于该游戏网站在建设初期就已经意识到网站可能面临被 DDoS 攻击的风险，已经在系统中部署了防 DDoS 攻击的硬件设备，从而使网站从未被可能的 DDoS 攻击所影响。这个例子就很好地体现了风险管理的价值所在。

2. 实体对象

信息安全风险管理涉及四类实体对象，分别是数据、载体、环境和边界。载体在一定的环境中承载信息，并在边界中得到控制。

（1）数据。数据作为实体对象的一种，它通过载体以某种具体的形式来承载。这些形式在信息系统中可以具体到某种数字格式，如视频、声音、图形等，继而具体到数据的具体存储格式，即二进制字节、数据位。这样，保证了具体数据的安全也就确保了其所承载的信息的安全。

（2）载体。由于数据本身不是有形实体，它只是消息、情报、指令和信号中所包含的内容，所以必须利用某种媒介进行存储和传递。

载体是一种数据存储和传输的媒介，是数据赖以存在的物质基础。它是用于记录、传输、汇集和存储数据的实体，包括：①以介质和能源为特征，综合运用电波、光波等传输数据的无形载体；②以实物形态记录为特征，综合运用纸张、胶片、磁盘等存储介质来传递和贮存数据的有形载体。各种介质都是载体的一种形式。信息系统采用物理安全技术以确保介质的物理形式的安全，利用数据安全技术确保数据在介质内逻辑形式的安全。

从某种角度来说，保护载体就是保护数据本身。数据与载体的关系和灵魂与肉体的关系极为相似，载体的损毁将直接导致数据的消失。

（3）环境与边界。这里的环境指数据与载体的环境，即数据及承载数据的载体在整个生命周期中所依赖的软硬件资源，进而扩展到软硬件资源所处的物理环境等更大的范畴。

在信息环境中，数据在存储介质中存放、在应用信息系统中处理、在网络通信系统中传输。

在物理环境中，一方面需要保障数据载体的物理安全，另外一方面需要保障信息系统及网络系统硬件平台的安全。

1.2.2 信息安全属性

我们认为信息安全是信息系统抵御意外事件或恶意行为的能力，这些事件和行为将破坏由信息系统所提供的可用性、机密性、完整性、不可否认性、真实性等基本安全特性。下面将分别对这些基本安全属性进行说明。

1. 可用性

可用性，在国家标准《GB/T9387.2—1995》和公安部标准《GA/T 391—2002》中，被定义为“根据授权实体的请求可被访问与使用”。

在《ISO 13335—1：2004》标准中，可用性定义为：“已授权实体一旦需要就可访问和使用的特性”。

在《ISO 17799—2000》标准中，可用性定义为：“确保已授权用户在需要时可以访问信息和相关资产”。

GASSP（Generally Accepted System Security Principles）认为：“可用性是数据的一个特征，指的是在合适的时间，以要求的方式，信息与信息系统可以被访问与可以使用”。

International telecommunication union document CNI/03 中指出，可用性指“使网络在极端环境下运行，也能够在任何时间访问网络上的数据”。

《美国法典》第 44 篇第 3542 节中指出，可用性指“确保及时和可靠地访问和使用信息”。

在《NIST SP 800—37 2002 V.1》中，可用性指“确保授权用户和/或系统过程可以及时可靠地访问信息/服务和 IT 资源，并能防止拒绝服务攻击（DoS）”。

可用性要求包括信息、信息系统和系统服务都可以被授权实体在适合的时间、要求的方式、及时可靠地被访问，甚至是在信息系统部分受损或需要降级使用时，仍能为授权用户提供有效服务。

需要指出的是，可用性针对不同级别的用户提供相应级别的服务。具体对于信息访问的级别及形式，由信息系统依据系统安全策略，通过访问控制机制执行。

此外，我们认为信息的可用性与硬件可用性、软件可用性、人员可用性、环境可用性等方面有关。离开信息环境空谈信息的可用性也是不科学的。

2. 完整性

国军标《GJB 2256—94》中指出：完整性是“信息系统中的数据与在原文档中的相

同，并未遭受偶然或恶意的修改或破坏时所具有的性质”。

国标《GB/T 9387.2—1995（ISO 7498-2—1989）》中认为：完整性是“这一性质表明数据没有遭受以非授权方式所做的篡改或破坏”。

国标《GB 15852—1995（ISO/IEC 9797：1994）》《GB/T 9387.2—1995》《GB/T 17903.1—1999》等中，完整性是指“数据没有被非授权地改变或破坏的性质”。

美国 NIST SP 800-37 2002 V1，定义完整性为：“保证对 IT 系统中的信息进行保护，使其不会遭到未经授权的、非预期的或无意的修改或破坏。系统完整性还表达了 IT 系统的质量，它反映了操作系统的逻辑正确性和可靠性，实现保护机制的硬件和软件的逻辑完备性、数据结构和存储数据实例的一致性”。

CNSS Instruction No. 4009 NATIONAL INFORMATION ASSURANCE（IA）GLOSSARY Revised May 2003（《国家信息保障词典》）中指出：“一个信息系统反映逻辑正确性和其操作系统可靠性、硬件和软件执行其保护机制的逻辑完备性、数据结构的一致性、存储数据的事故的属性。注意，在一个形式化的安全模型中，完整性狭义地被解释为保护和防止对信息的未经授权的修改或破坏”。

从单纯考虑数据的完整性，发展到兼顾操作系统的逻辑正确性和可靠性，到实现保护机制的硬件和软件的逻辑完备性、数据结构和存储实例的一致性，NIST 的这些说法来源于大量的事实。目前发现的系统中存在的大量漏洞（脆弱性）从根本上说就是逻辑的正确性和可靠性所致，尤其是在信息系统的核心——操作系统中影响最为严重，这个问题当然也存在于实现保护机制的软件硬件中。这个问题的提出，指出了一个明确的但难度极高的奋斗目标——正确地实现逻辑，同时也指出了完整性的破坏来自三个方面的可能影响：未授权、非预期、无意。信息技术发展迅速，在技术的应用过程中，除了人为恶意的破坏外，还存在由于能力素质达不到要求而可能出现的误操作，和没有预期到的系统程序漏洞造成的误动作。它们同样影响完整性，同样需要采取完整性保护措施来加以防范。

3. 真实性

在 NIST SP 800—37 2004 最终版本中，明确定义真实性是“能够核实和信赖在一个合法的传输、消息或消息源的真实性的性质，以建立对其的信心”。

ISO/IEC 的相关标准中（ISO/IEC 13335—1：2004-11-15 WG1，ISO/IEC 21827：2002-10-01 WG3），指出真实性是“保证主体或资源确系其所声称的身份的特性。真实性应用于诸如用户、过程、系统和信息等的实体”。

真实性包含了对传输、消息和消息源的真实性进行的核实，它的内涵要求不能被完整性所代替，它不仅是对技术保证和要求，也包含了对人的责任的要求。

真实性要求对用户身份进行鉴别，对信息的来源进行验证。而这些功能都离不开密码学的支持。在非对称密码机制出现以前，这是一个很大的难题。非对称密码机制的出现，使该项难题得到了解决。随着社会步入信息时代，信息的真实性安全属性愈加得到重视。

4. 机密性

国军标《GJB 2256—94》中指出：机密性（保密性）指“为秘密数据提供保护状态及保护等级的一种特性”。

美国 NIST 特别出版物 800-26《IT 系统安全自评估指南》中提到，机密性是“信息要求得到保护，以免被非授权泄露”。

ITSEC 把机密性定义为：“防止信息的非授权的公开。”

《ISO 17799：2000》中指出，机密性为：“确保信息仅被已授权访问的人访问。”

ISO/IEC 的相关标准中，定义机密性为“信息不能被未授权的个人、实体或者过程利用或知悉的特性”。这些标准包括：ISO/IEC 13335—1：2004-11-15 WG1、ISO/IEC FCD 24743、2004-11-25 WG1、ISO/IEC FDIS 18033—4：2004-12-17 WG2 和 ISO/IEC 21827：2002-10-01 WG3。

这些定义的演变意味着人们认识的深化。从机密性定义的变化可以看出，我们首先认识的是信息不要泄露，因而要对其实施保护。逐渐认识到其涉及授权问题，即信息的泄露就是对非授权者的公开。继而又意识到从正面看机密性要求，是仅被授权者访问的问题。

此外，大家都知道，机密性要求存在等级的不同。不同机密性等级的信息访问由信息系统的访问控制部件依据系统安全策略及访问控制模型执行控制。

随着信息技术的发展，信息系统的组成是人和机器的结合体，其实体对象不仅包括用户，同时也涉及代表或被用户使用的自动化机器和软件逻辑实施的过程。这些实体，同样需要依据机密性等级进行访问控制。

5. 不可否认性

《SP 800-37 2004》最终版本中指出，不可否认性（抗抵赖性）是保证信息的发送者提供的交付证据和接受者提供的发送者证据一致，使其以后不能否认信息过程。

国际标准《ISO/IEC 13335—1：2004-11-15 WG1》中认为，不可否认性是“证明一个行为或者事件已经发生的能力，以致事后不能否认这个事件或者行为的发生”。

不可否认性也称为不可抵赖性，即所有参与者都不可能否认或抵赖曾经完成的操作和承诺。发送方不能否认已发送的信息，接收方也不能否认已收到的信息。

ISO7498—2 中给出了抗抵赖（Hon-repudiation）的定义：抗抵赖用于对网络的交互动作进行事后的责任追查和审计，具体可以有原发抗抵赖（防止发送者否认）和接收抗抵赖（防止接收者否认）。

在当今各类业务信息系统迅猛发展的信息时代，信息不可否认性的安全属性是诸如电子商务等基于信息系统的各类业务得以正常开展的保障。

1.2.3 信息安全风险管理环节

信息安全风险管理是一个管理过程，图 1-1 所示的信息安全风险管理模型分为确定管理框架、风险识别、风险分析、风险评价、风险处置、风险管理评审六个环节。后文将

充分进行市场调研，决策多方案优选等。创业企业减少风险，还可以通过多元化的方式，开展多种经营。如在金融、证券投资上进行品种、期限、币种多元化组合。

③转移风险。转移风险也叫分散风险，如企业把工程和产品零部件的生产制造转包给其他企业。把部分风险分散出去，转移风险的有效办法是去保险公司投保。企业的财产和责任、员工的健康、职工失业、人寿均可进行保险。

④接受风险。风险与收益并存，一分风险，一分报酬。创业者每天都生活在风险之中，没有担当风险的勇气，企业的利润就会很低。企业要量力而行，在力所能及的范围内承担风险。企业可用自我保险把风险接受下来，如每月积存一笔基金用于发生事故时抵偿损失。

（5）风险管理评审。信息安全风险管理评审始终贯穿于整个风险管理周期。评审的目的是不断跟踪受保护的对象及其环境的变化，及时发现信息安全问题，预测信息安全可能的发展态势，通过及时的措施进行纠正与控制，从而减少不必要的损失，使得信息安全风险管理持续有效。

1.3 信息安全风险特性

1.3.1 风险的基本特性

风险具有客观性、普遍性、必然性、相对性、可识别性、可控性、损失性、不确定性、社会性、时效性等特性。

1．客观性：风险是一种不以人的意志为转移的客观存在。因为不管是自然界的物质运动还是社会的发展规律，都是由事物的内因与事物发展的客观规律所决定。

2．普遍性：风险存在于一切事物之中，并且贯穿于每一事物的整个生命周期，即事事有风险，时时有风险，这就是风险的普遍性。

3．必然性：风险是伴随着事物发展、变化过程中不可避免的一种存在趋势。因此，人们只能在一定的时间和空间内改变风险存在和发生的条件，降低风险发生的频率和损失程度，但是，从总体上说，风险是不可能彻底消除的。例如自然界的地震、飓风、洪涝灾害，社会领域的战争、瘟疫、冲突、意外事故等，都是不以人的意志为转移的客观存在。

4．相对性：风险的性质会因时空各种因素变化而有所变化。

5．可识别性：通过分析事物的内部因素、外部因素等，可以识别风险。

6．可控性：通过采取一定的控制措施，能够把风险控制在一定的范围之中。

7．损失性：只要风险存在，就有发生损失的可能性。

8．不确定性：风险具有发生时间的不确定、损失的不确定以及是否发生的不确定性。从总体上看，一些风险是必然要发生的，但何时发生、是否发生确是不确定的。

9．社会性：风险的后果与社会的相关性决定了风险的社会性，某些风险会对社会构成很大的影响。

10．时效性：在一定的时间范围内风险会随着时间的推移而不断地变化着，因为影响风险的各种因素会随着时间变化而变化，从而导致风险也会随着时间的推移而产生变化。

1.3.2 风险的不确定性

1．不确定性概念

2009 年 11 月 15 日，国际标准化组织（ISO）正式发布了 ISO 指南 ISO31000-2009《风险管理原则与实施指南》标准。该标准对不确定性的定义为“Uncertainty is the state，even partial，of deficiency of information related to，understanding or knowledge of an event，its consequence，or likelihood.”从 ISO 对不确定性的定义可以知道，不确定性就是缺乏或者部分缺乏对事件、事件后果以及事件发生可能性的相关信息的了解或认知的一种状态。

通过对不确定性概念的分析可以知道，风险管理中，只要不断改进对“事件”“后果”“可能性”的信息“了解或认识”，就能把握不确定性，从而为管理风险的不确定性提供前提和可能。

2．不确定性的类型

根据对“事件”“后果”“可能性”的信息“了解或认识”的状态不同可以把不确定性分为两种类型，分别是内生不确定性和外生不确定性。

内生不确定性：指的是主体（人）对客体（风险管理对象）的认识不足，从而导致主体掌握的信息与客体本身所固有的信息出现不对称，进而引发的不确定性。而主体的这种认识不足主要体现在以下几个方面。第一，主体自身能力有限；第二，主体对造成风险的原因认识不足；第三，主体对风险事件造成的后果认识不足；第四，主体自身随着环境的变化而改变，导致主体对客体的认识产生影响。

外生不确定性：指的是客体自身随环境变化而发生的改变，往往这种环境变化是主体所无法把握的。

3．不确定性的两个重要特性

风险的不确定性存在着两个重要特性，即发生时间的不确定性和产生结果的不确定性。发生时间的不确定性也称为总体上的必然性，是指从宏观来看，有些风险必然要发生，但发生的时间不能确定。例如，一个人的生命，其必然会存在死亡风险，这是人生必然的一步，但在其身体健康时，不能确定何时死亡，这就是发生时间的不确定。而结果的不确定性也称为个体上一定的偶然性，即为损失程度有一定的不确定。例如，沿海某些地区经常遭受地震的侵扰，有时损失严重，有时却没有造成损失。但是在未来的时间内地震是否造成损失及损失的程度都不能预知，这就是风险产生结果的不确定性。也正是因为风险总体上的必然性或个体上存在的偶然性，构成了风险的不确定性。

4．不确定性管理的两面性

风险的“两面性”来源于不确定性的“两面性”。正面性质指的是不确定性对目标的影响是正面的。负面性质指的是不确定性对目标的影响是负面的。不确定性对目标的影响具有双重性质，因此，对于不确定性的管理也就存在两个方向，一是正面影响的管理，二是负面影响的管理。本书主要涉及的是不确定性对目标的负面影响的管理。

1.3.3 风险的影响

1. 风险的正面影响

常言道：“机遇与挑战并存，希望与困难同在。”这里的“挑战”和“困难”在一定程度上指的就是风险，这个与“没有风险就没有回报，高收益蕴含着高风险”的观点是一脉相承的。要想在风险的环境里获得最大的收益，人们就必须尽可能地发挥主观能动性去认知风险，采取有效的措施规避风险、化解风险、超越风险，并将它的破坏力降到最低。风险的存在促使人们努力探索新的技术和新的方案去应对和管理。比如因风险的客观存在而催生的风险投资行业和保险行业就是对风险的一种应用和管理，与此同时也从另一个方面为社会提供了多种创业方式，增加了就业机会，促进了社会的发展。

2. 风险的负面影响

风险是关于未来的一种不确定性，是与既定目标的期望相悖的一种可能性，对社会的发展有其负面作用。

风险通常意味着某件事情不利的情况发生的可能性，是人们所无法提前准确预知的，正因为这种不确定给个人或组织带来了一定的压力和惶恐。每个人在面临风险时所做的选择和行为都是不一样的，有的人在风险面前选择逃避、消极的态度，因此对于个人而言，风险可能带来的负面影响是打击其行为的积极性，或对既定目标的放弃；而对于组织而言，则有可能因为风险的存在干扰甚至破坏到原有的总体战略，从而降低组织创新的动力、阻碍组织的发展且削弱组织的凝聚力。风险通过对个人和组织的负面影响从而影射到对整个社会发展的阻碍和负面作用。

1.4 信息安全风险要素与关系

1.4.1 基本要素

在国家标准《信息安全技术信息安全风险评估规范》（GB/T 20984—2007）中首先给出了资产的定义，资产可以是硬件设备、软件、数据，也可以是人员、文档等与信息系统相关的事物。任何信息系统资产都是具有一定的价值的，没有价值的信息系统资产就没有存在的必要性。资产一旦遭到恶意人员的非法破坏，就会给拥有它的机构带来损失，这种损失可能很少，也可能很大，损失的大小与资产的价值和风险的严重程度相关。信息系统资产本身及其所处环境如果存在能被利用的漏洞，一旦漏洞被威胁利用就会对信息系统资产造成破坏。为了防止漏洞被威胁利用而造成风险事件，我们往往会依据安全需求采取一定的安全防护措施，以降低风险发生的可能性。

通常，信息系统安全风险包含以下一些基本组成要素：

（1）信息系统资产及其价值；

（2）信息系统自身以及环境所存在的脆弱性；

（3）信息系统所面临的威胁；

（4）已有安全防护措施；

（5）安全措施。

1.4.2 关系

信息安全风险的各个要素及其构成关系如图 1-3 所示。

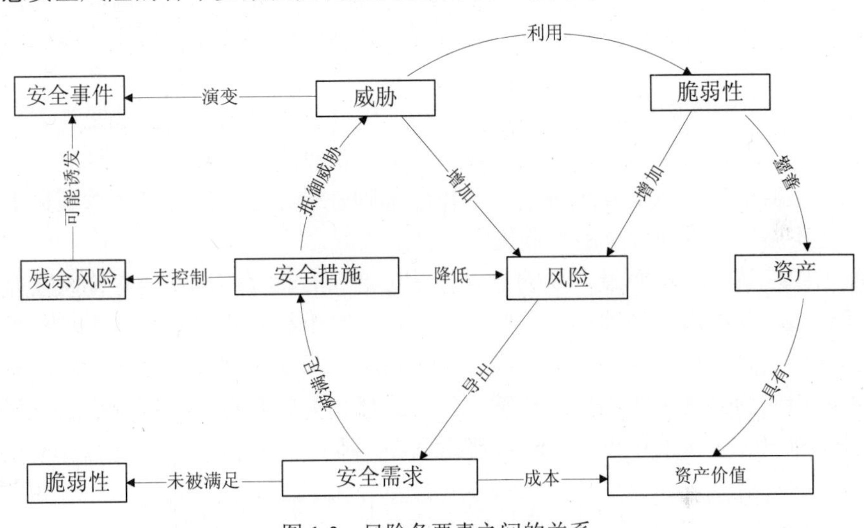

图 1-3　风险各要素之间的关系

图 1-3 中部分矩形框中的内容是风险评估过程中的基本组成要素，部分椭圆中的内容是和矩形框中的基本组成要素的相关属性。风险评估过程主要围绕着资产及其资产价值、威胁、脆弱性和安全措施这些基本组成要素展开，在对这些基本组成要素评估的过程中，需要评估人员充分考虑组织业务的战略、组织中关键资产的价值、当前的安全需求、将会出现的安全事件和处理风险之后的残余风险等这些与基本要素相关联的各类属性。图 1-3 中的风险要素及其不同的属性之间存在着以下的关联。

组织中业务战略的实现对组织中关键资产具有依赖性，依赖程度如果越高，则要求其风险越小；资产是具有价值的，组织的业务战略如果对组织中关键资产的依赖程度越高，则该资产的价值就会变得越大；风险是通过潜在的威胁引起的，资产面临的威胁越多则风险越大，同时就有可能转化为安全事件；资产的脆弱性可能会泄露关键资产的价值，资产包含的弱点越多则该资产的风险越大；脆弱性的概念是组织中未能被满足的安全需求，威胁则是通过利用脆弱性来对资产构成危害；风险的存在以及组织对风险的了解情况能够引导出当前组织的安全需求，安全需求则是通过执行安全措施而能够得到满足，同时执行安全措施也需要结合资产价值考虑具体执行成本；安全措施能够抵御威胁，降低风险；残余风险的出现原因有部分是由于安全措施的实施不当或无效，残余风险是需要进一步加强实施策略才能够被控制的风险，而有些残余风险则是在综合考虑了安全成本与效益后，刻意不去控制的风险；残余风险需要受到组织的密切监视，因为它可能会在将来引发新的安全事件。

1.5 信息安全风险评估

1.5.1 信息安全风险管理与风险评估的关系

信息安全风险评估是信息安全风险管理的一个阶段。信息安全风险管理要依靠风险评估的结果来确定随后的风险控制和监视评审等活动。风险评估使得组织能准确定位风险管理的策略、实践和工具，能够将信息安全管理活动的重点聚焦在重要问题上，能够选择成本效益合理的和适当的安全对策。基于风险评估的风险管理方法是被大量实践证明有效和实用的，被广泛应用于各个领域。因此，信息安全风险评估是信息安全风险管理的基础，是对信息系统的安全性进行分析的基础资料，也是信息安全领域最重要的内容之一，为实施风险管理和风险控制提供了直接依据。

了解组织信息安全需求最主要的方式就是对组织的业务信息系统实施风险评估，实施风险评估后，组织首先能够评估风险的后果，如对组织业务有多大的影响与损害，其次可以帮助风险管理做出决策，如采取接受、转移、降低、规避风险等措施，最后组织还可以采取相应的措施来实施风险决策，包括选择相关控制目标和控制措施。因此风险评估是组织确定安全需求和实施风险管理的重要一环。

1.5.2 信息安全风险评估的意义以及开展方式

风险评估作为风险管理的基础和起点，对有效识别风险、通过风险管理规避风险、提高风险管理效率起到重要作用。风险评估可以科学地分析和理解信息系统在保密性、完整性、可用性等方面的问题，明确信息系统的安全风险，可以准确地了解信息系统的安全现状，便于明确责任，制定避免、降低、接受等风险处置措施，是分级防护和突出重点的具体体现。毫无疑问，风险评估是为了了解信息系统的安全风险，但是，其最终目的是指导信息系统的安全建设，安全建设的实质是控制信息安全风险。

风险评估结果是后续安全建设的依据。单独的信息系统安全风险值没有实际意义，不能将计算风险值作为风险评估的唯一重点，也不能把风险值作为风险评估的唯一成果。如果将风险评估视为对风险值的数据处理，那么这是一种误区。

从原理上讲，所有的信息系统安全评估，都属于风险评估的范围，但因为评估的目的不同，具体模式会有所差别。国内外现存的信息系统安全评估模式大体有自评估、检查评估与委托评估几种类型，后两种类型也可称为他评估。这种分类主要依据评估方与被评估方的关系以及他们和信息资产的关系。不同模式各有优点和缺陷。 自评估是信息系统拥有者依靠自身力量，对自有的信息系统进行的评估活动。信息系统的风险，不仅仅来自信息系统技术平台的共性，还来自于特定的应用服务。由于具体单位的信息系统应用服务各具特性，这些个性化的过程和要求往往是敏感的，没有长期接触该单位所属行业和部门的人难于在短期内熟悉和掌握，而且只有信息系统拥有者对威胁及其后果的体会最深切。因此，自评估有利于保密，有利于发挥行业和部门内人员的业务特长，有利于降低风险评估的费用，有利于提高本单位的风险评估能力与信息安全知识。但是，如果没有统一的规范和要求，在缺乏风险评估专业人才的情况下，自评估的结果可能不深入、不规范、不到位。自评估中，也可能会存在某些不利的干预，从而影响风险评估结果的客观性，降低评估结果的置信度。检查评估则由信息安全主管机关或业务主管机关发起旨在依据已经颁布的法规或标准进行检查评估。这是一种典型的他评估，需要被评估单位的配合。检查评估是通过行政手段加强信息安全的重要措施。这种模式最具权威性，但是，通常间隔时间较长，一般是抽样进行，难于贯穿信息系统的生命周期。委托评估指信息系统使用单位委托具有评估能力的专业评估机构（国家建立的测评认证机构或安全企业）实施的评估活动。它既有自评估的特点（由单位自身发起，且本单位对风险评估过程的影响可以很大），也有他评估的特点（由独立于本单位的另外一方实施评估）。在委托评估中，接受委托的评估机构一般拥有风险评估的专业人才，评估的经验比较丰富，对IT技术风险的共性了解得比较深入，评估过程较为规范，评估结果的客观性比较好，置信度比较高。但是，评估费用可能会较高，且可能会难以深入了解行业应用服务中的安全风险。需着重指出，由于评估中必然会接触到被评估单位的敏感情况，且评估结果本身也属于敏感信息，因此委托评估中容易发生评估风险。另外，评估方应与系统承建者保持独立，不能为同一实体，但在评估中可以向系统承建者进行咨询。大多数信息系统安全评估，不论其属于何种模式，往往依据既定的标准展开，检查信息系统的安全是否达到了这些标准。这个过程看似与风险评估无关，但这些标准的制定过程本身便是以信息系统的安全风险为基础的。适用于某个信息系统的安全标准，必然应是能使该系统的安全风险降低到可接受的程度的安全标准。由此可见，信息系统的安全评估，本身便属于风险评估。任何形式的信息系统安全评估，其原理都是上述的风险评估理论。在概念上，不能将这些评估与风险评估对立起来；在实践上，可以根据具体情况采取灵活的评估模式和方法。

1.5.3 信息安全风险评估与其他信息安全工作的关系

信息安全风险评估与其他工作不是并列关系。任何信息安全工作，其最终目的都是控制信息安全风险，使残余风险可接受，从而促进信息化健康发展。因此，可以这样总结：在实施时，风险评估工作是明确的。但风险评估不是一项独立的过程，而是其他信息安全工作的基础，在形式上完全可以不必独立。更重要的是，基于风险的思想是信息安全中的核心思想。风险评估突出了“有的放矢”，这个“的”便是信息安全需求。而信息安全需求是贯穿在信息系统生命周期的全过程的。信息系统生命周期包括了五个阶段：系统规划和启动、设计开发或采购、集成实现、运行和维护、废弃。表1-1显示了风险评估对信息系统生命周期的支持。

表 1-1　风险评估对信息系统生命周期的支持

生命周期阶段	阶段特征	来自风险评估工作的支持
阶段 1：规划和启动	提出信息系统的目的、需求、规模和安全要求	风险评估活动可用于确定信息系统安全需求
阶段 2：设计开发或采购	信息系统设计、购买、开发或建造	在本阶段标识的风险可以用来为信息系统的安全分析提供支持，这可能会影响到系统在开发过程中要对体系结构和设计方案进行权衡。信息系统的安全特性应该被配置、激活、测试并得到验证
阶段 3：集成实现	信息系统的安全特性应该被配置、激活、测试并得到验证	风险评估可支持对系统实现效果的评价，考察其是否能满足要求，并考察系统所运行的环境是否是预期设计的。有关风险的一系列决策必须在系统运行之前做出
阶段 4：运行和维护	信息系统开始执行其功能，一般情况下系统要不断修改，添加硬件和软件，或改变机构的运行规则、策略或流程等	当定期对系统进行重新评估时，或者信息系统在其运行性生产环境（例如，新的系统接口）中做出重大变更时，要对其进行风险评估活动
阶段 5：废弃	本阶段涉及对信息、硬件和软件的废弃。这些活动可能包括信息的转移、备份、丢弃、销毁以及对软硬件进行的密级处理	当要废弃或替换系统组件时，要对其进行风险评估，以确保硬件和软件得到了适当的废弃处置，且残留信息也恰当地进行了处理，并且要确保系统的更新换代能以一个安全和系统化的方式完成

第2章 信息安全风险管理相关标准

2009 年年末，国际标准化组织（ISO）和国际电工委员会（IEC）历时五年，在广泛汇集各国的风险管理成果的基础上，发布了适用于各种组织的风险管理国际标准 ISO 31000：2009 和 ISO/IEC 31010：2009 等系列标准。至此，风险管理具有了通用的国际标准，在现代企业治理、项目管理和安全生产等工作中发挥着举足轻重的作用。而将 ISO 31000 系列标准应用于信息安全领域，就形成了信息安全风险管理标准，并成为 ISO 27000 系列信息安全管理标准族中的一员：ISO 27005。本章主要介绍 ISO 风险管理标准、信息安全风险管理标准，以及国内外信息安全风险评估标准。

2.1 ISO风险管理标准

国际标准化组织（International Organization for Standardization）简称 ISO，其前身是国家标准化协会国际联合会和联合国标准协调委员会，现在是世界上最大的全球性非政府标准化专门机构，也是国际标准化领域中一个十分重要的组织。ISO 一来源于希腊语“ISOS”，即“EQUAL”，平等之意。ISO 成立于 1946 年，成员包括 162 个会员国，参加者包括各会员国的国家标准机构和主要公司。中国是 ISO 的正式成员，代表中国参加 ISO 的国家机构是中国国家质量监督检验检疫总局（简称国家质检总局，原中国国家技术监督局）。

ISO 风险管理标准实际上是一个标准族，共包含如下四个正式标准。

（1）ISO Guide 73：2009 风险管理——术语；

（2）ISO 31000：2009 风险管理——原则与指南；

（3）ISO/TR 31004：2013 风险管理——ISO 31000 实施指南；

（4）ISO/IEC 31010：2009 风险管理——风险评估技术。

ISO 风险管理标准族各标准的定位和功能不同。其中，ISO Guide 73 为阅读和理解该标准族里其他标准提供基础术语的定义和解释；ISO 31000 是核心标准，为风险管理明确了原则、框架和过程；ISO 31004 是风险管理框架和过程的实施指南；ISO 31010 着重列举风险管理可能运用的风险评估方法和技术，是使用 ISO 31000 标准的技术指导。这些标准对于组织开展风险管理工作，既提供了统一规范的语言，又提供了一套完整的解决方案。

参考国际标准，我国也发布了相应的三部风险管理国家标准。等同于 ISO Guide 73：2009，编制发布了国标 GB/T 23694—2013 风险管理 术语；参考 ISO 31000：2009，编制发布了国标 GB/T 24353—2009 风险管理 原则与实施指南；参考 ISO/IEC 31010：2009，编制发布了国标 GB/T 27921—2011 风险管理 风险评估技术。

下面，主要介绍 ISO 31000：2009 标准的内容。

2.1.1 ISO 31000 标准简介

本国际标准描述了风险管理原则、框架和风险管理过程之间的关系，如图 2-1 所示。按照 ISO 31000 标准实施风险管理时，能够使得该组织：提高实现目标的可能性；鼓励主动性管理；使整个组织意识到识别和处理风险的需求；改善机会和威胁的识别能力；符合相关法律法规要求和国际规范；改善强制性和自愿性报告；改善治理；提高利益相关方的信心和信任；为决策和规划建立可靠的基础；加强控制；有效地分配和利用风险处理的资源；提高运营的效果和效率；增强健康安全绩效，环境保护；进一步预防损失的后果并且改善事件管理；减少损失；提高组织的学习能力；提高组织的应变能力。

本标准旨在满足众多利益相关方的需求，主要包括以下相关人员：

（1）负责制定组织风险管理方针的人员；

（2）负责确保在组织整体，或者某一特定区域、项目或者活动内有效开展风险管理的人员；

（3）需要评定组织风险管理有效性的人员；

（4）整体或部分地实施风险管理的标准、指南、程序和操作规范的开发者。

目前许多组织的管理实践和过程包含了风险管理的要素，许多组织针对特定类型的风险或环境已经采用了正式的风险管理过程。在这种情况下，组织可以决定对照本国际标准对其现有的实践和过程开展严格的评审。

在本国际标准中，风险管理（Risk Management）和管理风险（Managing Risk）都在使用。在通常的术语意义上，风险管理（Risk Management）涉及有效管理风险的构架（原则、框架和过程），而管理风险（Managing Risk）指的是运用该架构管理特定风险。

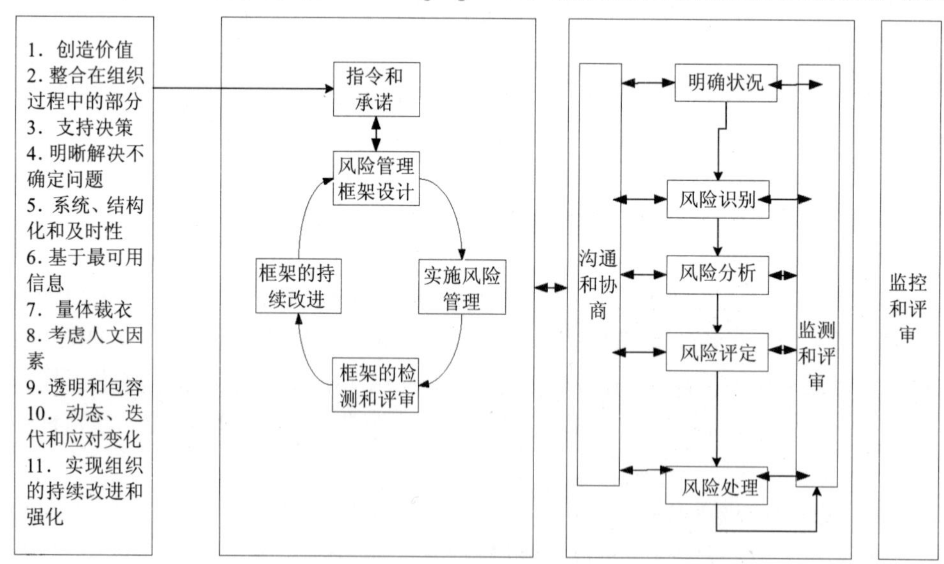

图 2-1 有效管理风险的架构

2.1.2 风险管理原则

为提高风险管理的效率，组织宜在各个层次遵循以下原则。

（1）风险管理应当能够创造和保护价值。风险管理有助于明确目标和改进绩效，例如，在健康安全、法律、项目管理等方面。

（2）风险管理应当是属于组织过程中的一部分。风险管理不孤立于组织过程。风险管理属于管理职责的一部分，并整合在所有组织过程中的一部分，包括战略规划、所有项目、变更管理过程。

（3）风险管理支持决策。风险管理可以帮助决策者做出明智的选择、优先的措施以及可以辨别接下去的行动方向。

（4）风险管理可以解决不确定问题。风险管理明确地阐述了组织中的不确定性、不确定性的性质和解决不确定的性的方法。

（5）风险管理是有体系的、结构化的并且是及时性的。有体系的、及时的和有结构化的风险管理方法有助于提高效率并且取得一致、可量化和可靠的结果。

（6）风险管理是基于最可用的信息。风险管理过程的输入基于信息源，如历史数据、经验、利益相关方的反馈、观察、预测和专家的判断。然而，决策者宜告诫自身，并考虑数据或所使用模型的局限性，和专家之间分歧所具备的可能性。

（7）风险管理应当是量体裁衣的。风险管理是与组织的外部和内部状况及风险状况相匹配的。

（8）风险管理应当考虑人文因素。风险管理应当要及时意识到可能促进或阻碍组织目标实现的内部和外部人员的能力、观念和意图。

（9）风险管理应当是透明和可兼容的。利益相关方，尤其是组织各层面的决策者适当、及时地参与，确保了风险管理保持各方的联系和及时的更新。参与过程也允许利益相关方适当地发表意见，并将其观点考虑到风险准则的制定中。

（10）风险管理是动态的、迭代的并且能够应对变化的。风险管理能够及时察觉和响应变化。由于外部和内部事件发生，状况和知识在改变，风险的监测和评审始终在执行，随时应对风险出现、改变、和消失。

（11）风险管理实现组织的持续改进。组织应当制定并且实施战略，协同组织的其他方面共同改进风险管理。

2.1.3 风险管理框架

风险管理的进行以及确保它能够在组织中持续有效，需要组织管理包含一个强力和持续的承诺，以及为实现该承诺，应当设计出针对所有环节的详细策略和严密策划。管理者在风险管理过程中应当遵循以下几点：

- 确定和签订风险管理方案；
- 确保组织的文化和风险管理方针一致；
- 确定与组织绩效参数一致的风险管理绩效参数；
- 使风险管理目标与组织的目标和战略一致；

- 确保法律法规的复合性；
- 在组织内适当的层次分配管理责任和职责；
- 确保为风险管理配置必要的资源；
- 将风险管理所带来的好处通报给所有的利益相关方；
- 确保风险管理框架持续保持，且适宜组织不同的变化。

1. 风险管理框架的设计

（1）理解组织和其状况。在开始设计和实施风险管理框架前，评价和理解组织内外部的状况是重要的，因为这会对框架的设计造成非常巨大的影响。

评价组织外部状况可以包括以下几点：

①社会和文化、政治、法律法规、财务、技术、经济、自然和竞争环境，无论国际、国内、区域和当地；

②影响组织目标的动力和趋势；

③与外部利益相关方的关系，以及它们的感受和价值观。

评价组织内部状况可以包括以下几点：

①管理方法、组织结构、作用和责任；方针、目标，以及为实现它们所制定的战略；

②以资源和知识来理解的能力（例如，资本、时间、人员、过程、系统和技术）；信息系统、信息流和决策过程（正式和非正式的）；

③与内部利益相关方的关系，以及它们的感受和价值观；

④组织的文化；

⑤被组织采用的标准、指南和模型；合同关系的形式和范围。

（2）建立风险管理方针。风险管理方针应当清楚地阐述组织风险管理的目标和承诺，特别要针对以下这些方面：

①组织管理风险的基本原理；

②组织目标和方针与风险管理方针之间的联系；

③管理风险的责任和职责；

④利益冲突的解决方法；

⑤提供有助于管理风险必要资源的保障；

⑥风险管理绩效测量和报告的方法；

⑦对定期评审和改进风险管理方针和框架；

⑧对事件和环境变化会及时做出响应的承诺；

⑨风险管理方针应当适当地沟通。

（3）责任。组织应当确定具有管理风险的职责、权限和相应的能力，包括实施和保证风险管理过程和确保任何控制措施的充分性、有效性和效率。这可通过如下途径来实现：

①确定有责任和权利管理风险的风险拥有者；

②确定负责构成、实施和稳定风险管理框架的人员；

③确定组织不同层次的工作人员在风险管理过程的不同职责；

④构建绩效评测，内部和外部报告和逐级向上报告流程；

⑤保证决定的合适程度。

（4）整合到组织的过程。风险管理应当将相关、有效的方法内嵌到该组织各个环节的实践和流程中。风险管理过程应当成为整个组织流程的一部分，而不是脱离于该组织的整个流程。特别是，风险管理应当嵌入到方案商定、商业和战略计划的评审和变更的管理过程中。

同时，应当制订一个与组织相关的宽泛的风险管理计划，以确保风险管理方案的实行，并将风险管理嵌入到组织所有的具体实行和流程中。风险管理计划还可以嵌入到组织的其他计划中，如战略计划。

（5）资源。组织应当为风险管理提供一定的资源，主要考虑的应当是以下几方面资源：

①人员、技术、经验和能力；

②对于风险管理实施过程中每个步骤所要使用到的资源；

③用于管理风险组织的过程、策划和工具；

④构建档案的过程和程序；

⑤管理体系的数据信息和相关知识；

⑥培训课程和方案。

（6）建立内部沟通和报告机制。组织应当建立内部交流和报告机制，用于提高风险的责任并支持风险的归属。主要应当提倡以下机制：

①风险管理框架的主要因素和任何后续的变化应当被适当和适时地沟通；

②对框架和其有效性及结果在内部充分且按时地予以报告；

③与组织相关的风险管理情报在适当的环节和时间予以获取；

④内部利益相关方的沟通过程被予以获取。

适当时，这些机制还应当包含基于不同源头强化风险信息的过程，以及可能需要衡量这些信息的敏感性。

（7）建立外部沟通和报告机制。组织应当制订和实行一个关于如何与外部利益相关方沟通的方案。这个方案应当包括以下几点：

①吸引一定的外部利益相关方的关注并保障有效的信息交互；

②向外汇报对法律法规和对管理要求的遵守情况；对沟通和协商进行汇报和反馈；

③运用沟通交流来建立组织的信心；

④向利益相关方汇报紧急或突发情况。

适当时，这些机制还应当包含基于不同源头强化风险信息的过程，以及可能需要衡量这些信息的敏感性。

2. 实施风险管理

（1）实施管理风险的框架。在实施组织的管理风险框架时，组织应当遵循以下几点：确定实施框架的具体时间安排和具体方案；将风险管理方针和过程应用到组织的过程中；遵守法律法规的要求；确保决策，包括目标的制定和确立，与风险管理过程最后得到的结果相一致；举行信息安全风险管理的培训会议；与利益相关方进行交流和协商以保证该风险管理框架的正确性；

（2）实施风险管理过程。风险管理应当通过确保将 2.1.4 小节中所描述的风险管理过程，通过风险管理计划作为组织实践过程中的一部分应用到组织相关职能和层次中。

3. 框架的监测和评审

为了确保风险管理有效并且能够持续改善组织的绩效，组织应当对框架进行检测和评审：

（1）定期针对一定的参数进行评审，并测量风险管理的绩效；

（2）定期测量风险管理计划的进展情况以及是否产生偏离；

（3）基于组织的内部和外部状况，定期评审风险管理框架、方案和计划是否仍然适合当前的状况；

（4）报告风险、风险管理计划的进展和风险管理方针如何能够较好地执行；

（5）评审风险管理框架的有效性。

4. 框架的持续改进

基于监测和评审结果，应当及时做出如何可以改进当前风险管理框架、方案和计划的决策。这些决策应当能够使组织的风险管理和风险管理文化得到改善。

本节所描述风险管理框架的内容，同样适用于本书所提出的风险管理模型中的首个环节——确定风险管理框架。

2.1.4 风险管理过程

1. 沟通与咨询

与内、外部利益相关方沟通和协商应当在风险管理过程中的每一个阶段进行。因此，沟通和协商计划宜在风险管理的早期制订。该计划应当针对与风险本身、风险成因、风险后果（如果掌握）以及处理风险的措施相关的问题。为确保实行风险管理过程中职责分明，以及在利益相关方了解决策的基础和特定措施需求的原因，应当采取有效的外部和内部沟通和协商。

通过沟通与咨询可以适当地帮助明确当下的风险状况；确保利益相关方的利益被了解和考虑；帮助确保风险充分地被发现；将不同方向的专业知识一并用于风险分析；保证在界定风险准则和评定风险时，不同的观点被恰当地考虑；保证组织认可和支持处理风险的方案；进一步加强风险管理过程中的变更管理；制订一个合适的内部和外部沟通和协商计划。

与利益相关方的沟通协商是非常重要和有必要的，由于他们基于对风险的感知，做出了对风险的判断。这些感知可以由于利益相关方的价值观、需求、臆断、知识和关注点的不同而变化。由于利益相关方的观念会对决策产生重大影响，因此他们的感知应当被识别、记录以及在决策过程中予以充分考虑。

沟通和协商需要提供真实的、相关的、准确的、便于理解的交流信息，同时应当考虑到保密和个人诚信等因素。

2. 建立环境

（1）明确外部和内部状况。外部状况是指组织寻找实现其目标的外部环境。为了确保在建立风险准则时，目标和外部利益相关方的关注点被予以考虑，理解外部状况是有非常必要的。它基于组织不同的多种状况，同时应当遵守法律法规要求的具体细节、利益相关方的观点、风险管理过程范围中风险的其他因素。

外部状况可以包括以下这些方面：

①社会、文化、政治、法律法规、金融、技术、经济、自然和竞争环境，无论国际、国内、区域，还是本地的；

②影响组织目标的主要动力或形势；

③与外部利益相关方的关系；

④外部利益相关方的观点和价值观。

内部状况是指组织寻找实现其目标的内部环境。风险管理过程应当与该组织的文化背景、过程、结构和战略相一致。内部状况是组织内能够影响管理风险方法的环境。内部状况应当明确，因为：

①风险管理是在组织的目标下实行的；

②具体项目、过程或活动的目标和准则，应当依据组织的整体目标予以考虑；

③一些组织未能意识到实现它们战略、项目或经营目标的机会，这影响了组织的承诺、信誉、诚信和价值观。

内部状况主要包括以下方面：

①治理、组织结构的角色和责任；

②制定实现方针及目标的战略；

③技术理解的能力（如：资金、时间、参与者、过程和技术）；

④与内部利益相关者的联系，内部利益相关者的观点；

⑤组织的背景文化；

⑥信息系统、信息流和决策过程（正式与非正式），组织所参照的标准、指南和模式；

⑦合同关系的形式与范围。

（2）明确风险管理过程状况。风险管理应当确立组织活动的目标、战略、范围和参数，或风险管理过程应用到的组织的哪些部分。风险管理应当充分考虑满足实施风险管理时对于资源的需求。所需的资源、职责、权限以及要保存的数据记录也应当予以提供。风险管理过程的状况需要按照组织需求的变化而变化。它可以包括以下这些方面：

①确定风险管理活动的目标；

②确定风险管理过程的权责；

③确定所要开展的风险管理活动的范围，包括深度、广度，同时涵盖具体的内涵和外延；

④通过时间和地点，界定活动、过程、职能、项目、产品、服务和资产；

⑤界定组织某些特定项目的过程或活动与其他项目的过程或活动之间的关系；

⑥确定风险评价的方案；

⑦确定评价风险管理的绩效和有效性的方案；

⑧分析和规定所必须要做出的决策；

⑨确定所需的范围或框架性研究，包括它们的研究程度和目标，以及此种研究所需资源。

对这些和其他相关因素的关注，有助于保证所采用的风险管理方法适合于当前的环境、组织以及会对目标实现造成影响的风险。

（3）确定风险准则。组织应当确定用于评定风险重要性的规则。该规则应当能反映该组织的价值观、所要实现的目标以及所需的资源。一些规则可以服从或引用法律法规的要求或组织签署的其他要求。风险准则应当与组织风险管理方针一致，在风险管理流程展开时予以确定，并给予持续的评审。

当确立风险准则时，要考虑的因素应当包括以下这些方面：

①可以出现的前因和后果的性质和类别，以及如何对其进行衡量；

②可能性如何进行确定；

③可能性和（或）后果的时间范围；

④风险程度如何确定；利益相关方的观点；

⑤风险可接受或可容许的程度；

⑥多种风险的组合是否需要考虑，如果是，如何考虑以及哪种风险组合应当进行考虑。

3. 风险评估

（1）风险识别。组织应当需要识别风险源头、影响的区域、事件（包括环境变化）以及致因和潜在后果。

（2）风险分析。风险分析包括考虑风险的原因和来源，以及所带来的正面和负面的影响及这些后果将会发生的可能性。影响后果的因素和可能性需要被识别。通过确定后果和其可能性以及其他风险特点，进行风险分析。一个事件可以有多种结果并可以影响不同的目标。现有的控制措施及其效果和效率也需要被考虑在内。

（3）风险评价。风险评价的目标是，基于风险分析所得出的结果，从而帮助做出有关风险处理和实施处理优先的决策。

4. 风险处置

（1）选择风险处理方案。选择最合适的风险处理方案包括，针对以法律法规和诸如社会责任和保卫自然环境的其他要求所得到的利益，平衡成本和实行的工作量。决策也要考虑在经济层面上不合理的风险处理的风险，例如，严重的（高负面后果）但出现概率低（低可能性）的风险。

（2）准备和实施风险处理计划。风险处理计划的目标是将如何实施已选择的处理措施构成文件。将要实施的风险处理方案，处理计划中提供的信息应当包括：选择风险处理措施的缘由，包括所期望获得的效率和利益；负责改善和实行该计划的人员；建议的措施；不同资源的需求；绩效的测量和保障；报告和监测的要求；具体时间和日程的安排。

5. 监测和评审

监测和评审都应当是风险管理过程中已计划的部分，包含常规检查或监测。可以以定期或不定期的方式。监测和评审的职责应当明确界定。组织的监测和评审过程应当涵盖在风险管理过程的所有方面，这样做的目的是：确保控制措施在设计和运行上实时有效；获得进一步改善风险评价的信息；从事件、变化、趋势、成功和失败中分析这些信息并吸取教训；探测内外部状况的改变，包括风险准则的改变和风险处理方式及风险自身的改变；识别出现的风险。

在实施风险处理计划的进程中需要绩效测量。可将结果融入组织整体绩效管理、测量，以及外部和内部报告活动中。

监测和评审的结果都应当记录并在内外部进行适当地汇报，也可以作为风险管理框架评审的输入参数。

2.2 ISO信息安全风险管理标准

ISO 风险管理标准应用非常广泛，如 ISO 31000 标准的主席 Kevin 所说：“ISO 31000 将类似于 ISO 9000 和 ISO 14000 标准，是最高级别的标准，它将对 ISO 和 IEC 的所有其他标准起指导作用，并将取代全球所有国家的风险管理标准”。当 ISO 31000 标准应用于信息安全领域，特别是在遵循 ISO/IEC 27001 的信息安全管理体系（ISMS）时，ISO 国际标准化组织发布了信息安全风险管理国际标准：ISO/IEC 27005，为各类组织的信息安全风险管理提供指南，并废弃和替代了 ISO/IEC TR 13335 相关标准。参考 ISO/IEC 27005：2008，我国编制发布了国家标准《信息安全风险管理指南》（GB/Z 24364—2009）。

下面，介绍 ISO/IEC 27005：2011 标准的主要内容。

2.2.1 ISO 27005 标准简介

1. 范围

本国际标准为信息安全风险管理提供指南。本国际标准支持 ISO/IEC 27001 所描述的一般概念，并致力于协助实施符合要求的、基于风险管理方法的信息安全。理解 ISO/IEC 27001 和 ISO/IEC 27002 所描述的概念、模型、过程和术语，对于完整理解本标准是很重要的。本标准适用于试图管理危及组织信息安全风险的各种类型组织（如商业企业、政府机构、非营利组织）。

2. 背景

信息安全风险管理的系统化方法能识别出组织的有关信息安全要求并且建立一套信息安全管理体系（ISMS，Information Security Management System）。信息安全风险管理方法应能够适应组织的环境，尤其要与组织的整体风险管理相符合。应该按照需要的时间和地点，以有效和及时的方式处理风险。信息安全风险管理应该是构成整个管理活动的一部分，并应该应用于ISMS的实施和持续运行中。信息安全风险管理是一个不间断的过程。首先建立起范畴，其次对风险进行评估，最后参照风险处置计划，给出实施决策，以便于对风险进行处置。风险管理分析，是决定应该做什么、什么时候做之前分析可能会发生什么以及可能的后果是什么，以便能将风险降低到可以接受的级别。

信息安全风险管理应该为以下方面做贡献：识别风险；参照风险引起的业务后果和发生的概率进行风险评估；分析风险将会导致的后果和概率；明确风险处置的先后次序；按序列出降低风险的活动；在做出风险管理决策时，让利益相关方加入进来，实时将风险管理的状态告知；对风险处置监视；监视风险和管理过程，并定期进行评审；收集信息以改进风险管理方法；应该对管理者和员工进行有关风险和减轻风险所应采取行动的培训。

信息安全风险管理过程可能应用于整个组织，组织的任何部分（如部门、物理区域或某个服务）、任何信息系统，现有计划或特定部分的控制措施（如业务连续性计划）。

2.2.2 信息安全风险管理过程

信息安全风险管理过程由确定范畴、风险评估、风险处置、风险接受、风险沟通以及风险监视和评审组成。风险评估的循环方法能够使得每一次循环更加深入和具体。循环方法可以在确保高风险被准确识别和在识别控制措施上花费最小的时间和精力之间寻找平衡。

首先确定范畴，然后进行风险评估。如果风险评估为进行有效决策的提供了充分的信息，以确定将风险降低到可接受级别所需活动，则风险评估任务结束，开始进行风险处置。如果信息不够充分，则进行另外一个修订范畴和风险评估的循环，也可能是整个范围内的部分内容进行循环。

有效的风险处置依赖于风险评估的结果。风险处置可能不会立即将残余风险降低到可以接受的级别。对于这种情形，可能需要变更风险范畴参数（如风险评估、风险接受或影响的准则）再次进行风险评估循环，并可能需要进一步的风险处置（参见图2-2）。

风险接受活动需要确保残余风险被组织的管理者明确接受。对于控制措施被取消或推迟实施（如，因成本问题）的情形，管理层的明确接受就更为重要。

在整个信息安全风险管理过程中，向相应的管理者和员工传达风险和风险的处置是很重要的。甚至在风险处置前，有关已识别的风险信息对于管理事件可能是很有价值的，并可以帮助降低潜在损失。管理者和员工的风险意识、降低风险的现有控制措施的特性以及组织所关心的区域，将为处理事件和非预期事态提供有效的帮助。信息安全风险管理过程的每一活动及两个风险决策点的详细结果应该形成文件。

ISO/IEC 27001规定的ISMS的范围、边界和范畴内所实施的控制措施应是基于风险的。信息安全风险管理过程的应用可以满足这项要求。有很多在组织内成功实施风险管理过程的方法。组织每一具体的过程应用所使用的任何过程方法，应该是最适合于自身情形的。

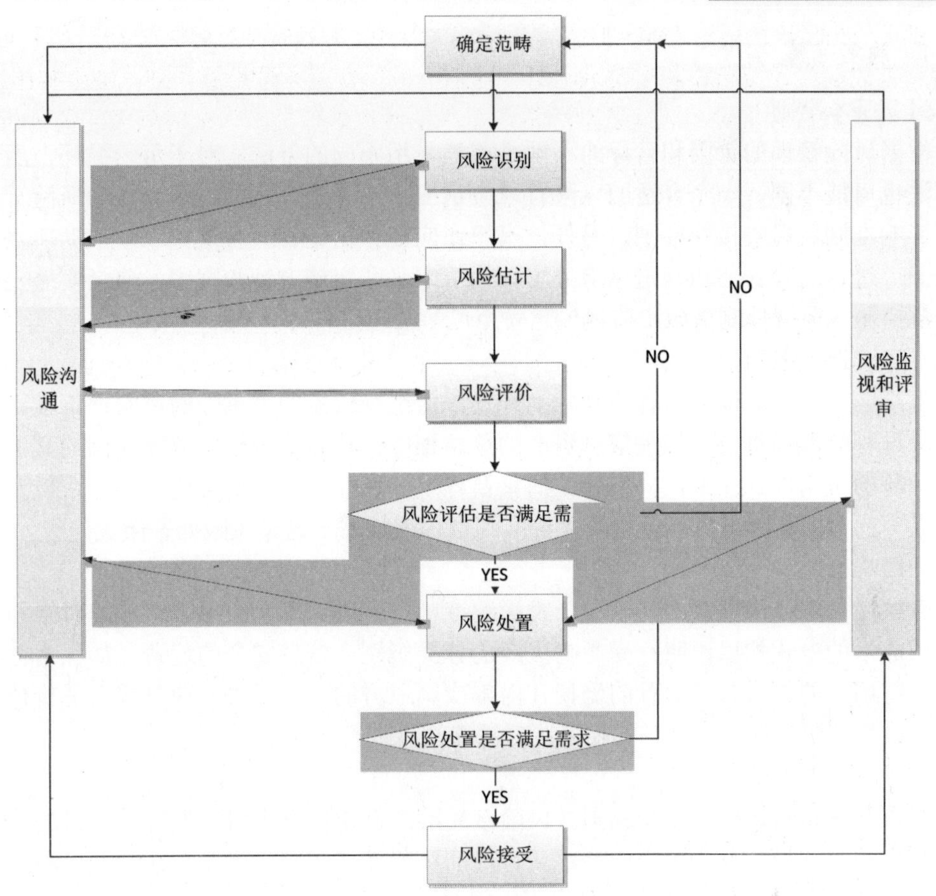

图 2-2　风险管理过程流程图

在 ISMS 中，确定范畴、风险评估、开发风险处置计划以及风险接受都是“计划”阶段中的一部分。在 ISMS 的实施阶段中，按照风险处置计划实施降低风险所需的活动和控制措施。在 ISMS 的“检查”阶段，管理者根据事件和环境的变化，确定是否需要修订风险评估和风险处置。在“改进”阶段，执行任何需要的活动，包括信息安全风险管理过程的补充应用。表 2-1 概述了与 ISMS 过程的四个阶段相关的信息安全风险管理活动。

表 2-1　ISMS 和信息安全风险管理过程的对应关系

ISMS 过程	信息安全风险管理过程
计划	确定范畴 风险评估 开发风险处置计划 风险接受
实施	实施风险处置计划
检查	持续监视和评审风险
改进	维持和改进风险管理过程

1. 确定范畴

（1）基本准则

根据风险管理的范围和目标的不同，可能采用不同的方法。对于每一循环，所采用的方法也可能不同。一个合适的风险管理方法应该选择或开发基本准则，如风险评价准则、影响准则、风险接受准则。另外，组织还应该评估是否具有进行以下活动所需的必要资源：进行风险评估和确定风险处置计划；定义和实施方针和程序，包括实施已选择的控制措施；监视控制措施；监视信息安全风险管理过程。

①风险评价准则

组织应该在考虑以下内容的基础上开发评价组织信息安全风险的风险评价准则：业务信息过程的战略价值；相关信息资产的危急程度；法律法规的要求和合同的义务；运营和业务的可用性、保密性、完整性的重要程度；利益相关方的期望和认知，以及对信誉和名声的负面影响；另外，风险评价准则也可能被用于定义风险处置的优先级。

②影响准则

应该在考虑以下内容的基础上开发影响准则，并以信息安全事态造成的对组织损害程度或成本的方式加以说明：受影响资产的分类级别；信息安全的违背（如保密性、完整性和可用性的丧失）；运行的受损（内部或第三方的）；损失的业务或财务价值；对计划和最后期限的破坏；声誉的损失；对法律法规或合同要求的违背。

③风险接受准则

应该开发和阐述风险接受准则。风险接受准则常常依赖于组织的方针、目的、目标以及利益相关方的利益。组织应该定义自身的风险接受级别的尺度。在开发风险可接受准则时，应该考虑以下方面：

• 风险接受准则可以包括带有风险期望目标级别的多道门槛，但在确定的情形下，提交给高层管理者接受的风险可能超出该级别。

• 风险接受准则可以用估算收益（或业务收益）与估算风险的比值来描述。

• 对不同类型的风险可以采用不同的风险接受准则。例如，导致对法律法规不符合的风险可能是不可接受的，但可能允许接受导致违背合同要求的高风险。

• 风险接受准则可以包括下一步的补充处置要求。例如，如果认可或承诺在确定的时间内将采取行动以将风险降到可接受级别，则风险可以被接受。

• 风险接受准则可能因预计风险将多长时间存在而不同，例如风险可能与一个临时或短期活动相关。设定风险接受准则时，应该考虑：业务准则；法律法规方面；运营；技术；财务；社会和人为因素。

（2）范围和边界

组织应该定义信息安全风险管理的范围和边界。需要定义信息安全风险管理过程的范围，以保证在风险评估过程中考虑到所有相关资产。另外，需要定义边界以处理在边界处呈现的风险。应该收集组织的相关信息，以确定其运营环境及其对信息安全风险管理过程的相关性。在定义范围和边界时，组织应该考虑以下信息：组织的业务战略目标、策略和方针；业务过程；组织的职能和结构；适用于组织的法律法规和合同义务的要求；

组织的信息；安全方针；组织风险管理的整体方法；信息资产；组织的位置及其地理特性；影响组织的约束条件；利益相关方的期望；社会文化环境；界面（与环境的数据交换）。

另外，组织对任何排除在范围之外的，都应该提供正当的理由。如，风险管理范围的可能是一个 IT 应用、IT 基础设施、一个业务过程或组织的某个界定部分。

（3）信息安全的组织架构

应该设置和维持信息安全风险管理过程的组织架构和职责。下面是信息安全风险管理过程组织架构的主要角色和职责：开发适合组织的信息安全风险管理过程；识别和分析利益相关方；定义组织内、外部各方的角色和职责；在组织和相关利益方之间建立必要的联系，如组织高风险管理职能的接口（如运营风险管理），以及其他项目或活动之间的接口；定义决策升级路径；说明需要保存的记录；组织架构应该得到组织的合适的管理者的批准。

2. 信息安全风险评估

（1）风险分析

a）风险识别

风险识别的目的是确定可能发生什么将导致潜在的损失，并且洞察可能发生的损失将怎样发生、在哪里发生、为什么发生。

- 资产识别

资产是对组织有价值的任何东西，并因此需要加以保护。识别资产时应该铭记的是，一个信息系统不仅由硬件和软件组成。资产识别应该在适合的细节层面进行，以为风险评估提供充分的信息。

- 识别威胁

威胁对如信息、过程、系统等资产构成潜在损害，并由此给组织带来损害。威胁可能是自然的或人为的，可能是意外或故意的。意外的或故意的威胁都应该得到识别。威胁可能来自组织内部和外部。

- 识别现有控制措施

应该识别现有控制措施，以避免不必要的工作和成本，如重复的控制措施。另外，在识别现有控制措施时，应该进行检查以确保控制措施在有效工作，参考已有的 ISMS 审计报告可以减少这项工作所花费的时间。如果控制措施没有按预期进行工作，将会形成脆弱点。应该关注已选择的控制措施（或策略）的运行失效，并因此需要补充控制措施以有效处理风险。按照 ISO/IEC 27001，一个 ISMS 由控制措施的有效性测量来支持。估算控制措施效果的一个方式是，看控制措施怎样降低威胁发生的可能性、消除暴露的脆弱点或降低事件的影响。管理评审或审计报告也将提供有关现有控制措施有效性的信息。按照风险处置计划将要实施的控制措施应该视同已经实施的控制措施。现有或计划的控制措施可能被识别为无效的、不充分的或不合理的。应该检查不充分或不合理的控制措施，以确定是否应该取消、由其他更有效的控制措施替代或继续保持（如，因成本因素）。

• 识别脆弱点

可以从以下领域识别脆弱点：组织架构；过程和程序；管理惯例；人员；物理环境；信息系统配置；硬件、软件或通信设备；对外部的依赖。

脆弱性的存在本身不会形成损害，它需要被某个威胁所利用。如果脆弱性没有对应的威胁，则可以不需要实施控制措施，但应该注意并监视所发生的变化。应该注意到控制措施实施的不合理、控制措施故障或控制措施的错误使用本身也是一个脆弱点。控制措施因其运行的环境，可能有效或无效。相反，一个威胁如果没有对应的脆弱点，也不会导致风险的发生。脆弱点可能与资产的使用方式、目的等属性有关，而不论资产购买和构建时的意图。需要考虑不同来源的脆弱点，内在的或外来的。

• 后果识别

后果可能是有效性的丧失、不利的运行环境、业务的丧失、名誉的损失和损害等。本阶段的活动识别由某个事件情景导致对组织的损害或后果。事件情景，是对在信息安全事件（参见 ISO/IEC 27002 条款 13）中威胁利用某个特定的脆弱点或一组脆弱点的描述。根据在确定范畴活动中所定义的影响准则，确定事件情景的影响。事件情景可能影响一个、多个资产或单个资产的一部分。因此，可以按资产的财务成本和资产破坏或损坏后带来的业务影响，给资产赋值。资产受到损害时，后果可能是临时性的，也可能是长期的。

组织应该识别事件情景在以下方面（但不限于）的运营后果：调查和修复时间；（工作）时间的损失；机会的丧失；健康和人身安全；修复损伤所需特殊技能的财务成本；信誉和形象。

②风险估算

• 风险估算办法

风险分析根据资产的重要性、已知脆弱点的范围以及以前与组织相关的事件，而进行到不同的具体深度。估算办法根据条件，可以是定性的、定量的或者是两者的组合。实际上，通常首先采用定性估算以获得一般性的风险级别指示和发现重大风险。

随后可能需要对重大风险进行更明确的或定量分析，因为通常定性分析比定量分析要简单，而且花费要少。

分析的形式应该与作为确定范畴的一部分而制定的风险估算准则相一致。估算办法更具体的内容描述如下：

定性估算：采用尺度分级属性（如低、中、高）来描述潜在后果的严重性和潜在后果发生的可能性。定性估算的优点是易于所有相关人员的理解，同时其弱点是尺度选择对主观判断的依赖。可以对尺度进行修订或调整，以适应当时的情况，并为不同的风险采用不同的描述。

定性分析可以用于：作为最初的筛选活动，以识别需要进一步具体分析的风险；当定性分析对决策来说是合适时；当量化数据不足以进行定量估算时。定量分析应该使用可用的真实的信息和数据。

定量估算：通过数据，采用数字化的尺度对后果和概率进行描述。分析的质量取决于对数字进行量化时是否准确以及是否完整，以及用到模型的有效性。在很多情况下，定量估算使用历史的事件数据，优势是其直接与信息安全目标和组织所关心的问题相关，不足是缺乏新的风险或信息安全弱点的数据。当无法获得真实和可审计数据时，将显示定量估算的不足，因为这将导致风险评估准确性和价值的假象。后果和可能性的表达方式，以及其组合形成的风险等级的表达方式，将随着风险的类型和风险评估输出的使用目的不同而变化。在进行有效分析和沟通时，应该考虑后果和可能性的不确定性和可变性。

• 后果的评估

在识别所有资产并评审后，在评估后果的同时应该给资产赋值。业务影响可以用定性或定量来表示，但任何采用货币赋值的办法，一般可以为决策提供更多的信息，从而有助于更有效的决策过程。资产的赋值从按资产对满足业务目标的重要程度对资产进行分类开始。通过以下两种措施来确定资产价值：一是资产的替代价值，它是指恢复清理和替换信息所需的成本（如果可行），二是资产丧失或损坏的业务后果，如信息或其他信息资产的泄密、修改、不可用和/或破坏带来的潜在业务负面影响和/或法律后果可以从业务影响分析来赋值。资产价值根据资产对满足组织业务目标的重要性，由业务后果来确定，通常比简单的替代成本高很多。对事件情景，资产价值是影响评估的关键因素，因为事件可能影响到不止一个资产（如关联资产），或仅仅是资产的一部分。不同的威胁或脆弱点将对资产带来不同的影响，如丧失保密性、完整性或可用性。因此后果的评估与基于业务影响分析的资产价值相关。

后果或业务影响可以由一个或一系列事态的输出模型来确定，或由实验研究或历史数据来推断。

后果可以用货币、技术或人身影响准则，以及与组织相关的其他准则来描述。在某些情形，对不同的时间、地点、分类或环境需要多个价值数值来描述后果。应该用相同的方法测量威胁的可能性和脆弱点在时间和财务上的后果。需要保持定性和定量方法的一致性。

• 评估事件的可能性

在识别事件情景后，需要利用定性或定量评估技术对每一情景的可能性和产生的影响进行评估。这应该考虑威胁发生经常性和脆弱点被利用的容易程度，并考虑以下内容：威胁发生可能性的经验值或可用的统计数据；对于来自故意的威胁：随时间的变化动机和能力，资源对可能进行攻击者的可用性，以及资产对可能攻击者的吸引力和脆弱点；对来自意外的威胁：地理因素，如在化工厂或石油工厂的附近，极端天气的可能性，可能导致人员过错或设备故障的因素；脆弱点，单个脆弱点以及脆弱点的组合；现有控制措施及其怎样有效降低脆弱性。

• 风险级别的估算

风险估算：对风险的可能性和后果进行赋值。赋值可以是定性的或定量的。风险评估是基于后果和可能性的评估。另外，可能考虑成本效益、相关利益方的疑虑，以及其他对风险评价适用的因素。风险估算是某个事件情景的可能性及其后果的组合。

（2）风险评价

在建立风险范畴时已经确定用于风险决策的风险评价和风险评价准则的特性。在这

和适宜性，持续进行监视和评审是必要的。组织应该确保信息安全管理过程和相关活动对当前环境的适宜性，并得到跟踪管理。任何商定的过程改进或更好地遵循这一过程所需要的活动，都应该通知到合适的管理者，以确保没有风险或风险要素被忽视或低估，并且必要的行动被执行和决策得以出台，以提供现实的风险理解和应对能力。此外，该组织应该定期评审用来测量风险及风险要素的准则仍然是有效的，并符合业务目标、战略和方针，并在信息安全管理过程中考虑到业务范畴的变更。监视和评审活动应该处理以下内容（但不限于）：法律和环境范畴；竞争范畴；风险评估方法；资产价值和分类；影响准则；风险评价准则；风险接受准则；整体拥有成本；所需要的资源。

该组织应该确保风险评估和风险处理的资源持续可用，以进行风险评审、解决新的或变更的威胁或脆弱点，并提议进行相应的管理。风险管理监视根据以下内容可能导致修改或增加所使用的方法、办法或工具：所识别的变化；风险评估循环；风险管理过程的目的（如业务连续性、应对事件的健壮性、符合性）；信息安全风险管理过程的目标（如组织结构、业务部门、信息过程、技术实现、应用、与 Internet 的连接）。

2.3 国外信息安全风险评估标准

风险评估是风险管理里的一个非常重要的过程，涉及多种方法和技术。ISO 31000 标准族中的 ISO/IEC 31010 列出了各种风险评估技术，但结合信息安全风险评估，需运用更有针对性的信息安全风险评估标准。国外信息安全风险评估标准中，NIST SP 800-26、BS 7799 均偏重于调查或管理，从方法论上针对性不强。而美国卡耐基·梅隆大学开发的 OCTAVE 评估是一种系统的评估信息安全风险的方法，具有很强的可操作性，它已成为信息安全风险评估实践中很重要的可参考运用的一个标准。

下面，主要介绍 OCTAVE 信息安全风险评估标准。

2.3.1 OCTAVE 简介

OCTAVE（Operationally Critical Threat，Asset，Vulnerability Evaluation），指可执行的关键威胁、资产和薄弱点评估方法。OCTAVE 是美国卡耐基·梅隆大学软件工程研究所（CMU/SEI）下属的 CERT 协调中心人员的研究开发成果，用以定义一种系统的、组织范围内的评估信息安全风险的方法。

风险评估的基本方法：

当前所使用的绝大部分评估方法都是“自下而上”的，它们都从计算基础设施开始，强调技术的脆弱点，而不考虑组织的工作任务和业务目标的风险。

一种相较来说更好的方法是着重于组织自身并鉴别出组织所需保护的对象，确定它存在风险的原因，然后制订出技术和实践相互结合的解决方案，而 OCTAVE 就属于后者。

建立 OCTAVE 的方式：为评估定义一个基础的需求集，然后制定出一系列满足那些需求的方法，即一个方法簇。方法簇中的每一种方法都能够针对唯一一种的运行环境或者实际情况。

OCTAVE 方法特征：它是一种将资产、威胁和薄弱点三者结合的评估方法；管理者可以通过评估结果来确定处理风险的优先级；结合计算基础设施的使用方式及其实现组织的业务目标的作用；与计算基础设施配置相互关联的技术问题相结合；可以根据不同组织的需要来制定一种灵活、可剪裁的、可重复的方法。

OCTAVE 的含义如下：

O——可操作性，C——关键性，T——威胁，A——资产，V——脆弱性，E——评估。也就是说，它最注重的是 O，可操作性，其次对 C 操关键性也很注重。

OCTAVE 方法是一种将评估分为三个阶段的方法，在这三个阶段中对管理问题和技术问题进行研究和讨论，从而使组织的工作人员可以全面掌控该组织的信息安全需求。

2.3.2 OCTAVE 方法

OCTAVE 方法（Method）的三个阶段和八个子过程

1. 阶段一：建立基于资产的威胁概要文件

目标：建立组织对信息安全问题的概括认识。

任务：首先需要收集组织内工作人员对信息安全风险问题的个人看法和观点，然后对这些不同的个人看法观点进行综合梳理，为评估过程中的所有后续分析活动打下基础。

通过对组织专业领域知识的调查研究能够搞清楚工作人员对信息资产、资产面临的威胁、资产的安全需求、组织当前实行的保护信息资产的措施以及组织资产和措施的缺点等有关问题的了解情况。

过程：

过程 1：标识高层管理部门的知识

明确高级管理层对企业重要资产的认识，对资产是如何受到威胁的了解情况，以及资产的安全需求，当前资产已经采取的保护措施以及和保护该资产相关的问题。

过程 2：标识业务区域管理部门的知识

明确执行经理层对企业重要资产的认识，对资产是如何受到威胁的了解情况，以及资产的安全需求，当前资产已经采取的保护措施以及和保护该资产相关的问题。

过程 3：标识员工的知识

明确员工层对企业重要资产的认识，对资产是如何受到威胁的了解情况，以及资产的安全需求，当前资产已经采取得的保护措施以及和保护该资产相关的问题。

过程 4：建立威胁配置文件

根据过程 1～3 明确企业的关键资产，描述关键资产的安全需求，标识关键资产面临的威胁。

2. 阶段二：识别基础设施的薄弱点

也称 OCTAVE 方法的技术观点，由于在此阶段，分析人员的注意力已经转移。

目标：完成评价当前信息基础设施。

任务：通过检查其中的关键运行组件，可以发现除那些导致非授权行为的相关漏洞（技术脆弱性）。

过程：

过程5：标识重要资产的关键组件

识别重要资产的关键组件，然后选用适当的方法和有效的工具以便对其进行脆弱性的评估。

过程6：评估选定的组件

识别技术上的脆弱性，并对结果进行总结和摘要。

3. 阶段三：开发安全策略和计划

目标：分析风险，即理解迄今为止在评估过程中收集到的信息。

任务：制定出能够解决组织内部存在的风险和漏洞的安全策略和方案；通过分析阶段一和阶段二中对组织以及信息基础结构评估所获得的数据信息，能够识别出组织将会面临的风险，同时由于这些风险可能给组织所带来的不良影响和隐患也要对其进行评估；按照处理风险的优先级次序，拟订出保护组织重要资产的方案和风险缓解计划。

过程：

过程7：执行风险分析

定义威胁可能会对重要资产所带来的影响（标识风险），制定评估准则，对每个风险的重要级别进行分类（高、中、低）。

过程8：开发保护策略

（1）为企业制定符合当前状况的资产保护策略，降低组织中关键资产风险的方案，以及短时期内将要执行的措施的具体清单和计划。

（2）与企业高级主管探讨以上策略、方案和措施的具体方案，决定如何实施以及在评估后如何进行具体操作过程。

2.3.3 OCTAVE 简版

1. Octave-s 简介

这一部分提供了对 Octave-s（OCTAVE 简版）的概述，主要包括这个方法的基本过程和输出。Octave-s 是 octave 方法的一个衍生，这个方法主要是为了迎合小型以及阶级层次较少的组织的需要。这个方法通常是针对小型组织有限的手段以及约束较少的情况量身定制的。尽管 Octave 和 Octave-s 这两个方法不尽相同，但是它们输出的结果类型是相同的，包括在组织范围内的保护策略。

2. Octave-s 的主要过程

Octave-s 实际上是一个自主的信息安全风险评估。它需要一个分析团队去检测一个组织中与其商业目标相关的关键资产的安全风险状况，最终，制定出一个组织范围的保护策略以及基于资产风险的减轻方案。利用 Octave-s 方法所得到的结果，一个组织可以更好地保护所有与信息相关的资产，同时改善整体的安全态势。Octave-s 是基于 Octave 中的三个主要步骤，尽管其主要活动的数量以及排序方式与 Octave 不相同。这一节主要介绍 Octave-s 的过程以及相关活动。

（1）阶段一：构建基于资产的威胁概要文件

第一步实际上是对组织方面的一个评估。在这一步中，分析团队对影响评估的标准进行定义，这些定义接下来会在评估风险的过程中使用。它同时会识别组织中的重要资产以及评估组织当前使用的安全防御策略。这个团队自身完成以上所有任务，包括在需要的时候收集一些额外的信息。接下去挑选三至五个关键资产，以及基于对组织的相对的重要性来进行深入分析。最后这个团队给出安全需求并且对每一个重要资产制定一个相关威胁文件。表 2-2 介绍了阶段一中的过程和主要活动。

表 2-2　阶段一中的过程和主要活动

阶段	过程	活动
构建基于资产的威胁概要文件	第一步：识别组织信息	建立影响评估的标准
		识别组织的资产
		评估组织当前的安全策略
	第二步：生成相关威胁文件	选择一部分重要的资产
		确定重要资产的安全需求
		识别重要资产的威胁
		分析技术相关流程

（2）阶段二：确定基础设施的脆弱性

在这一步中，分析团队对组织的计算基础设施进行一个高层的审查着重于信息风险安全的保护程度，而程度的高低主要由这些基础设施的维护人员来考虑。分析团队首先分析人们如何使用计算基础设施来使用重要资产，然后制订出部件中的关键类型以及这些部件的配置和维护由谁来负责的方案。表 2-3 介绍了阶段二中的过程和主要活动。

表 2-3　阶段二中的过程和主要活动

阶段	过程	活动
确定基础设施的脆弱性	检测与重要资产的计算基础设施	检查访问路径
		分析技术相关流程

（3）阶段三：制订安全策略和方案

在阶段三中，分析团队首先确认组织中重要资产的风险以及决定如何处置这些风险。基于信息的分析，这个团队为组织制定了一个保护策略以及对重要资产减轻风险的计划。在第三阶段使用的 Octave-s 工作表，该表有着极强的结构性同时与 Octave 的主要活动紧密相连。表 2-4 介绍了阶段三中的过程和主要活动。

表 2-4　阶段三中的过程和主要活动

阶段	过程	活动
制订安全策略和方案	识别和分析风险	评估风险的影响
1	1	建立概率评估标准
1	1	评估威胁的概率
1	制订保护策略以及减轻风险的方案	描述当前保护策略
1	1	选择减轻风险的方法
1	1	制订减轻风险的方案
1	1	识别保护策略中的变更
1	1	识别下一个步骤

3. Octave-s 的输出结果

信息安全风险管理需要在被动和主动活动间寻求一个平衡。在 Octave-s 评估中，分析团队从不同的角度看待安全以确保根据组织的需求来达到适当的平衡。

当形成建议来改善组织的安全措施时，分析团队认为主要是分析来自组织范围内的以及详细资产方面的安全问题。在评估过程中的任何时刻，一个组织为了解决特定弱点而采用的行动方案可能会使组织处于一个非常被动的立场。这些行动项目在本质上被认为会更加被动，因为他们通常的做法不是改善组织的安全策略而是立即填补这个缺口。

Octave-s 的主要输出结果是以下三层结构，主要包括：

（1）组织范围的保护策略——这个保护策略概述了组织关于信息安全实践的具体方向。

（2）风险降低方案——这个方案通过改善选取的安全行动来降低组织重要资产的风险。

（3）活动列表——主要包括了短期内需要处理的特定弱点活动。

2.4　我国信息安全风险评估标准

2005 年 7 月，我国信息安全风险评估国家标准经过两年多的调研与编制工作，基本完成了《信息安全风险评估规范》标准草案。在原国信办和有关主管部门具体指导下，在信安标委大力支持下，由国家信息技术安全研究中心、中国信息安全测评中心等多家国家指定的专业检测机构承担，组织开展了信息安全风险评估试点工作，并取得了很好的效果。2007 年 6 月，正式发布了国家标准《信息安全风险评估规范》（GB/T 20984—2007），为政府部门、金融机构等国家信息网络基础设施和重要信息系统提供信息安全风险评估指南。

下面，主要介绍 GB/T 20984 信息安全风险评估标准。

2.4.1 GB/T 20984 标准简介

1. 范围

本标准给出了风险评估的相关基本概念、要素关系、分析原理、实施流程和评估方法，以及风险评估在信息系统生命周期不同阶段的实施要点和工作形式。本标准能用于规范组织开展的风险评估工作。

2. 术语和定义

下列术语和定义适用于本标准。

资产 Asset

对组织具有价值的信息或资源，是安全策略保护的对象。

资产价值 Asset Value

资产的属性，同时也是对资产进行识别的主要内容。

可用性 Availability

数据或资源的特性。

业务战略 Business Strategy

组织制定的规则或要求以实现其发展目标。

机密性 Confidentiality

数据所持有的特性，表示没有提供或泄露给未经授权的个人或实体的程度。

信息安全风险 Information Security Risk

人为或自然的威胁，利用信息系统以及管理体系中存在的脆弱性，导致安全事件的发生及其对组织造成的影响。

（信息安全）风险评估（Information Security）Risk Assessment

参照信息安全技术与管理的相关标准，对信息系统及由其处理、传输和存储的信息的保密性、完整性和可用性等安全属性进行评价的过程。首先评估资产面临的威胁，其次对其将会导致安全事件的可能性分析，最后结合安全事件所涉及的资产价值来判断安全事件发生后会对组织造成的影响。

信息系统 Information System

由计算机及其相关的配套的设备、设施（含网络）构成的，按照一定的应用目标和规则，对信息进行采集、加工、检索等一系列处理的人机系统。最常见的信息系统由以下三个方面组成：硬件系统，系统软件，应用软件。

检查评估 Inspection Assessment

由被评估组织的上级主管机关或业务主管机关发起的，依据国家有关法规与标准，对信息系统及其管理进行的具有强制性的检查活动。

完整性 Integrity

保证信息及信息系统不会被未经授权更改或破坏的特性，包括数据和系统的完整性。

组织 Organization

由作用不同的个体为实施共同的业务目标而建立的结构。一个单位是一个组织，某个业务部门也可以是一个组织。

残余风险 Residual Risk

实施完安全措施，信息系统可能还残留的风险。

自评估 Self-Assessment

由组织自身发起，依据国家有关法规与标准，对信息系统及其管理进行的风险评估活动。

安全事件 Security Incident

系统、服务或网络的一种可识别状态的发生。

安全措施 Security Measure

降低安全事件影响而实施的一系列实践、规程和机制。

安全需求 Security Requirement

为确保组织业务战略能够进行正常运作，在安全措施方面提出的要求。

威胁 Threat

可能导致对系统或组织危害的不希望事故潜在起因。

脆弱性 Vulnerability

可能被威胁所利用的资产或若干资产的薄弱环节。

2.4.2 信息安全风险评估

1. *风险分析原理*

风险分析原理如图 2-4 所示。

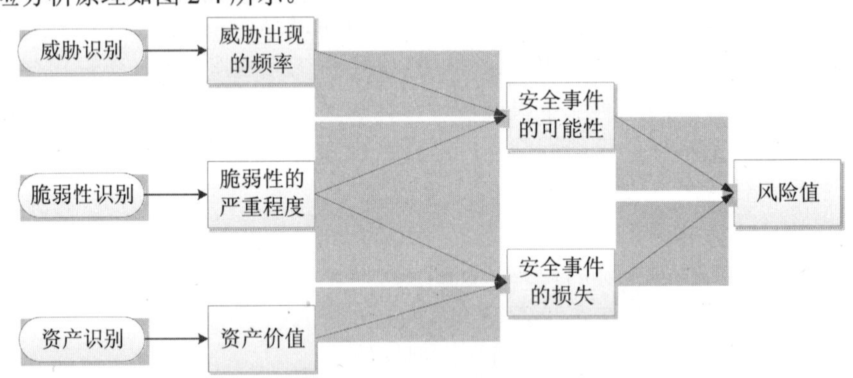

图 2-4　风险分析原理

风险分析中要涉及资产、威胁、脆弱性三个基本要素。资产价值是资产的属性；威胁主体、影响对象、威胁出现的频率、动机等是威胁的属性；资产弱点的严重程度是脆弱性的属性。风险分析过程中的主要活动为：识别资产，同时将资产的价值赋值；识别威胁，描述威胁的属性，同时将威胁出现的频率赋值；对脆弱性进行识别，并将具体资产的脆弱性的严重程度赋值；根据其难易程度对安全事件发生的可能性进行分析；根据其严重程度及安全事件所作用的资产的价值计算安全事件将会产生的损失；根据安全事件发生的可能性以及安全事件出现后产生的损失，计算安全事件一旦发生则会对组织构成的影响，即风险值。

2. 实施流程

风险评估的实施流程如图2-5所示。

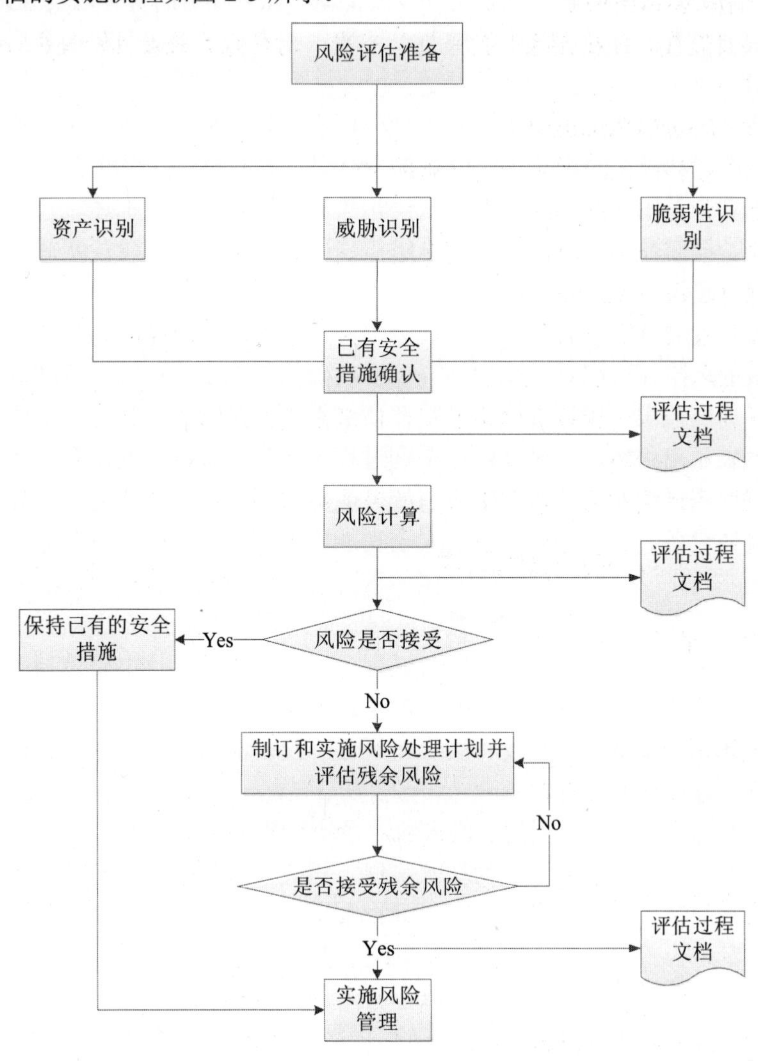

图2-5 风险评估的实施流程

3. 信息系统生命周期各阶段的风险评估

（1）规划阶段的风险评估

规划阶段实施风险评估的主要目的是识别系统的业务战略，从而支撑系统安全需求及安全战略等。规划阶段的风险评估应当可以描述信息系统建成后对组织现有的业务模式能够起到的作用，包括技术、管理等方面，并依据其产生作用来确定该系统建设所需要达到的安全目标。

在本阶段评估中，资产、脆弱性不需要识别，威胁应根据未来系统的应用对象、应用环境、业务状况、操作要求等方面逐一进行分析。评估主要着重在以下几方面：

①是否根据相关法则，建立了与业务战略目标相一致的信息系统安全规划，同时该规划是否已经得到最高管理者的认可；

②系统规划中有没有明确信息系统开发的团队、业务变更的管理以及开发的优先级；

③系统规划中有没有考虑其中的威胁、环境，在考虑了上述两种因素后制定系统总体的安全策略；

④系统规划中是否对信息系统预先用到的信息进行了描述，包括预先的应用、信息资产的重要程度、其潜在的价值、使用限制、组织对业务的支持程度等；

⑤系统规划中是否对与该信息系统安全相关的运行环境进行描述，包括物理硬件和配置安全措施，同时明确相关法律法规、组织安全策略等。规划阶段实施的风险评估结果应出现在项目建议书中。

（2）设计阶段的风险评估

设计阶段的风险评估则是通过规划阶段所明确的系统运行环境、资产重要性来对相关的安全功能提出需求。设计阶段的风险评估结果主要是针对设计方案中所能有的安全功能是否满足来做出判断，同时以此在采购过程中作为风险控制的参照。在本阶段的风险评估中，主要应详细在设计方案中对系统可能会面临的威胁的描述进行评估，以及对将会使用的具体设备、软件等资产及其安全功能需求列表。对设计方案的评估主要着重在以下几方面。

①设计方案是否符合该系统建设规划，同时最高管理者是否予以认可。

②设计方案是否针对可能面临的威胁进行分析，分析的重点主要是物理环境方面和自然方面所产生的威胁，以及入侵等可能造成的威胁。

③设计方案中的安全需求有没有满足在规划阶段中的安全目标，并分析威胁，接着给出信息系统的总体安全方案。

④设计方案是否用了一系列的手段来应对系统可能产生的故障。

⑤设计方案是否对设计原型中的技术实现、相关人员和组织管理等方面的脆弱性进行评估，脆弱性则包括设计过程中管理方面的脆弱性以及技术平台方面特有的脆弱性。

⑥设计方案是否考虑可能伴随着其他系统植入而将会产生新的风险。

⑦系统的性能是否能够满足用户需求，并考虑峰值对于系统将会产生的影响，是否在技术上考虑了满足系统性能所要求的方法。

⑧应用系统（含数据库）是否是依据业务的需求进行的安全设计。

⑨设计方案是否是根据系统开发的规模、所需要的时间跨度及系统的特点所选择开发的模式，并通过设计的开发计划以及用户的需求，从而对系统所需要的软件、硬件与网络进行分析和选型。

⑩设计活动中所采用的安全控制措施、安全技术保障手段将会对风险产生的影响。

在安全需求改变和设计改变之后，也需要重新进行一次这项评估。设计阶段的评估可以通过安全建设方案评审的模式来进行，判断方案所提供的安全功能与信息技术、安全技术标准的符合性。评估结果应当在信息系统需求分析报告或建设具体实施方案中出现。

（3）实施阶段的风险评估

实施阶段风险评估的目的是以系统安全需求和运行环境为基础，对系统开发、实施过程进行风险识别，并对建成后的系统的安全功能进行验证。针对规划阶段中得到的安全威胁，做进一步细分，同时评估安全措施所能够实现的程度，从而明确这些安全措施是否能够抵御现有的威胁以及脆弱性对组织产生的影响。实施阶段风险评估主要针对系统的开发与技术/产品获取、系统交付实施这两个过程来进行评估。

开发与技术/产品获取过程的评估要点主要包括下面几方面。

①法律、政策、适用标准和指导方针：直接或间接影响该系统安全需求的特定法律，影响该信息系统安全需求、产品选择的相关政府政策、相关的国际或国家标准。

②信息系统的功能需要：安全需求能否有效地支持该系统的功能。

③成本效益风险：对系统的资产、威胁和脆弱性进行分析，确定在符合相关要点的前提下选择最合适的安全措施。

④评估保证级别：是否明确系统在建设完成后应当进行怎样的检查和测试，从而确定该系统是否满足项目建设以及实施规范的要求。

系统交付实施过程的评估要点主要包括下面几方面。

①根据实际建设的系统，详细分析组织的资产以及将要面临的威胁和系统中包含的脆弱性。

②结合该系统的建设目标和安全需求两方面，对系统的安全功能进行验收测试；评价安全措施是否能够抵御安全威胁。

③评估与整体安全策略相一致的组织管理制度是否完全建立。

④判断对系统实现的风险控制效果与预期设计的符合性，如果符合性较差，那么应当对安全策略进行调整或重新设计。

本阶段风险评估可以通过采取按照具体的实施方案和标准要求的方式，对实际得到的建设结果测试分析。

（4）运行维护阶段的风险评估

运行维护阶段风险评估的目的是为了了解和控制系统在运行过程中将会面临的安全风险，这是一种较为全面的风险评估。评估内容包括了真实运行的信息系统、资产、威胁、脆弱性等各方面。

①**资产评估**：在真实环境下较为细致的评估，包括实施阶段采购的软硬件资产、在系统运行过程中所产生的信息资产、相关的人员与服务等，本阶段的资产识别是针对前期资产识别的补充与添加；

②**威胁评估**：应全面地分析威胁产生的可能性以及对组织产生的影响程度。对非故意威胁导致的安全事件评估可以参照安全事件发生的频率；对故意威胁导致安全事件的评估则主要根据威胁的各个影响因素来做出专业的判断；

③**脆弱性评估**：是针对系统各个方面进行脆弱性评估。脆弱性评估包括运行环境中各方面的脆弱性。技术脆弱性评估的手段可以有核查、扫描、案例验证、渗透性测试等方式；安全保障设备的脆弱性评估，包括安全功能的实现情况和安全保障设备本身的脆

弱性；管理脆弱性的评估可以通过文档、记录核查等方式来进行验证；

④**风险计算**：根据本标准所描述的相关方法，对重要资产的风险进行定性或定量的风险分析从而得出风险值，用以描述不同资产的风险高低状况。

运行维护阶段的风险评估需要定期执行，即使当组织的业务流程、系统状况发生较大变更时，也需要重新进行风险评估。重大变更包含以下情况（但不限于）：

①增加新的应用或应用发生较大变更；

②网络结构和连接状况发生较大变更；

③技术平台进行大规模的更新；

④系统扩容或改造；

⑤发生重大安全事件后，或基于某些运行记录怀疑将可能会发生重大安全事件的情况；

⑥组织结构发生重大变更从而对系统产生了影响的情况。

（4）废弃阶段的风险评估

信息系统在不能满足现有要求的情况下进入废弃阶段。废弃程度的不同又可分为部分废弃和全部废弃两种。在废弃阶段进行风险评估时应着重在以下几方面：

①对硬件和软件等资产及残留信息进行适当的处置，并合理地丢弃或替换系统组件；

②如果被废弃的系统是某个系统的一部分，或与其他系统存在物理或逻辑上的连接关系，还应考虑废弃该系统后与其他系统存在的连接关系是否已经被关闭；

③如果在系统的变更过程中废弃，除对废弃的部分外，还应该针对变更的部分进行评估，从而确定系统是否会增加风险或引入新的风险；

④是否建立了流程，确保更新过程是在一个安全、系统化的状态下完成。本阶段应重点对废弃资产将会对组织构成的影响进行分析，并根据不同的影响制订不同的应对方案。

对由于系统废弃可能会产生的新的威胁进行分析，从而改进新系统或其管理模式。对废弃资产的处理过程需要在有效的监督之下进行，同时对参与系统废弃的过程执行人员进行信息安全方面的教育。信息系统的维护技术人员和管理人员都应该参与此阶段的评估。

第3章　信息安全风险评估实现

3.1　风险评估过程框架

3.1.1　风险评估原则

在进行风险评估之前，应该确定其所遵循的原则。

1. 标准性原则

评估信息系统的安全风险，应按照GB/T 20984—2007中规定的评估流程实施，对各阶段的工作进行评估。

2. 关键业务原则

被评估组织的关键业务是信息安全风险评估工作的核心，涉及这些业务的相关网络与系统是评估工作的重点，包括基础网络、应用基础平台、业务网络、业务应用平台等。

3. 可控性原则

（1）服务可控性：评估方应先与用户进行评估沟通会议，介绍整个评估服务的工作流程，明确用户需要提供的工作内容，保障整个安全评估服务工作的顺利进行；

（2）人员与信息可控性：所有评估的工作人员均应签署保密协议，以保证项目信息的安全；应严格管理好工作过程中产生的中间数据和最后的结果数据，未经授权不得泄露给任何单位和个人；

（3）过程可控性：应按照项目管理要求，成立项目实施团队，项目组长负责制，达到项目过程的可控；

（4）工具可控性：安全评估人员所使用的评估工具应该事先通告用户，并在项目实施前获得用户许可，包括产品本身、测试策略等。

4. 最小影响原则

对于类似在线的业务系统的风险评估，应基于最小影响原则，即首要保障业务系统运行的稳定，而对业务系统进行攻击性测试时，需与用户沟通并做测试内容的应急备份，同时选择不在业务的高峰时间进行。

5. 可恢复性原则

在风险评估实施前，在实施方案中应当明确指出意外情况下系统恢复的手段和具体的恢复策略。

6. 保密性原则

在风险评估实施前，评估人员应当与被评估系统的项目负责人签署书面形式的保密协议。

3.1.2 风险评估过程框架

在进行风险评估之前要确立好一个风险评估的过程框架，如图 3-1 所示。

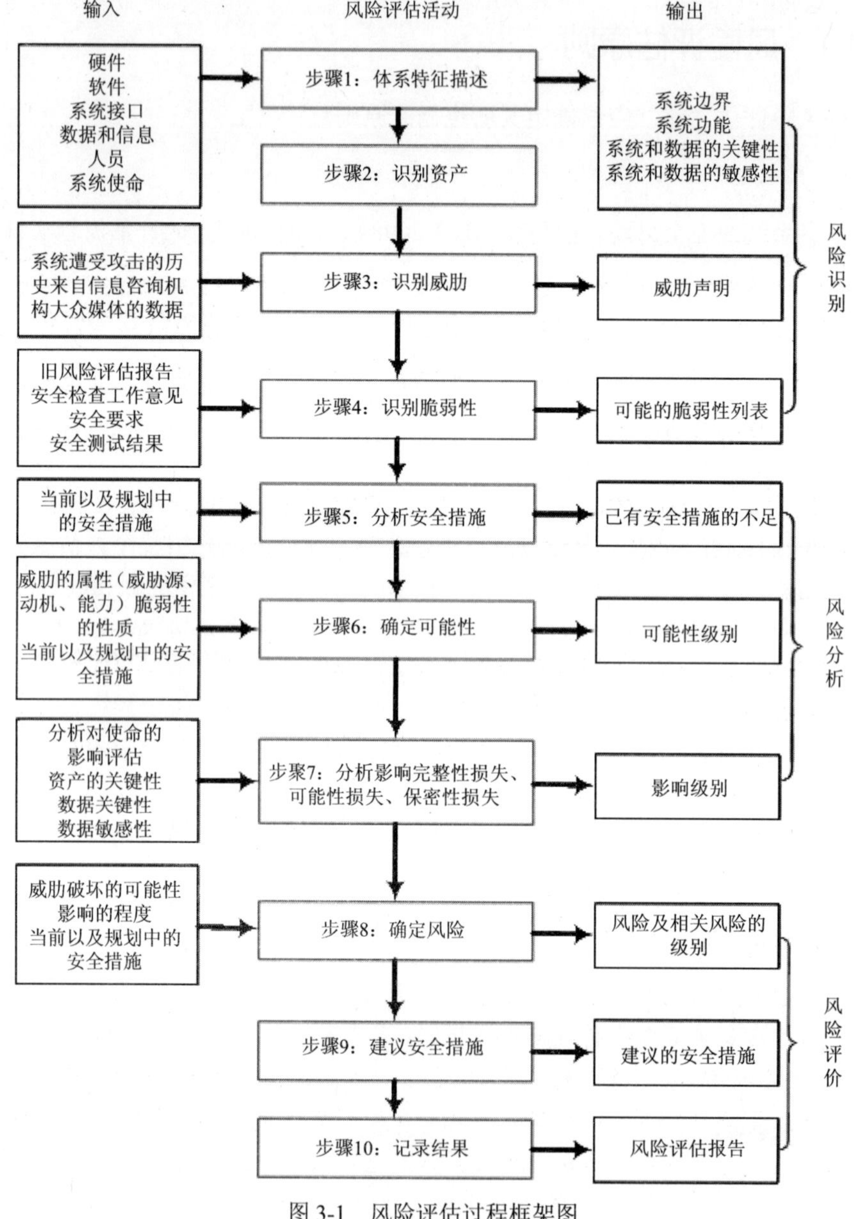

图 3-1　风险评估过程框架图

风险评估的过程可大致分为三个阶段：风险识别，风险分析，风险评价。如图 3-1 所示。风险识别是发现、认可并记录风险的过程，按工作流程分别进行资产识别、威胁识别、脆弱性识别及确认已有安全措施；风险分析为评价阶段提供输入，从而确定风险是否需要处理及最适当的处理策略和方法，该阶段包括风险值的计算和已有安全措施的确认；风险评价包括将风险分析的结果与预先设定的风险准则相比较，确定风险，同时制订和实施风险处理计划并评估残余风险及是否接受残余风险等。图 3-1 的工作流程不断重复循环，在实际环境下，因不同目的和条件，不同阶段的风险评估工作可以得到简化或者某些步骤得到充实。

3.2 风险识别阶段

识别阶段主要完成对信息安全风险的构成要素——资产、威胁、脆弱性的识别，以及对已有安全控制措施的有效性的分析和确认。在识别阶段提取到的各类信息，都可以被用于分析阶段的风险分析的输入。在识别阶段对原始信息的获取决定了风险分析结果的客观性和准确性，被评估组织也能得到更大的安全收益。而在进行风险识别之前，需要进行一些准备工作，包括建立环境和前期调查、工具准备等。

3.2.1 建立环境

本节介绍风险评估环境的建立，因为环境的确定是进行风险评估的基础，在此过程中要对风险评估的目标、范围、风险评价准则等进行确立。

1. 确定风险评价准则

组织应该确定用于评定风险重要性的准则。该准则应该反映组织的价值观、目标和资源。一些准则可以服从或引用法律法规的要求或组织签署的其他要求。风险准则宜与组织风险管理方针一致，在风险管理过程开始时予以确定，并予以持续评审。

当确定风险准则时，要考虑的因素包括如下：

（1）可能出现的致因和后果的性质和类别，以及如何予以测量；

（2）可能性如何确定；

（3）可能性和（或）后果的时间范围；

（4）风险程度如何确定；

（5）利益相关方的观点；

（6）风险可接受或可容许的程度；

（7）多种风险的组合是否予以考虑，如果是，如何考虑及哪种风险组合宜予以考虑。

通过建立风险评价准则，以这些标准为尺度，可以对活动中的各种影响进行评价。我们不可能降低所有的风险，所以组织必须确定已知风险的优先级。

2. 风险评估范围

在确定风险评估所处的阶段及相应目标之后，应进一步确认风险评估的范围。

风险评估范围可能是被评估机构全部的信息及相关的各类资产、管理机构等，也可能是机构中某个独立的信息系统、信息系统中的关键业务流程、与信息系统相关联的系统或部门等。

在确定评估范围时，应结合被评估机构的实际信息系统建设，来综合确定一个清晰的评估边界，这个评估边界就相当于风险评估小组的授权范围和进行评估的必要信息，例如硬件、软件、人员和基础设施等。评估的范围可能是单个系统或者是多个关联的系统，对于关联的系统要特别注意相互之间接口描述。

组织通常按照物理边界和逻辑边界来描述某次风险评估的范围。物理边界定义了一个系统起于哪里止于何处。信息系统的物理边界元素包括我们常见的信息资产，如工作站、服务器、网络设备、线路、外设、建筑物和建筑物内独立的房间。逻辑边界定义了分析所需的广度和深度。

3. 风险评估目标

信息安全风险评估准备阶段首先应明确目标，为整个信息安全风险评估的过程提供正确的导向，也为下一步完善管理制度、今后的安全建设和风险管理提供第一手资料。信息安全需求是一个组织为保证其业务正常、有效运转而必须达到的信息安全要求，通过分析组织必须符合的相关法律法规，组织在业务流程中对信息安全等的保密性、完整性、可用性等方面的需求，来确定信息安全风险评估的目标。

风险评估的目标是提高信息安全的防护能力、发现隐患的能力、网络应急反应能力、对抗能力，保障信息及其服务的保密性、完整性、可用性、真实性、可核查性、可靠性等六项安全性能。

风险评估应全面、准确了解组织及其信息系统的安全现状，发现系统可能会出现的安全问题，保证系统处于一个高度可信任的状态。同时要分析组织的安全需求，找出目前的安全策略和实际需求的差距，为保护信息系统的安全提供科学依据。风险评估旨在通过提供分析事实的信息，在处理特定风险和选择风险应对策略方面提供科学决策。

4. 组建适当的评估管理与实施团队

在评估的准备阶段，评估组织应当组建专门的评估团队，负责执行组织的信息安全风险评估工作，对信息安全风险评估工作的现状进行全面深入了解，提出开展信息安全风险评估的对策和方法，为下一步信息安全的建设和管理做准备。风险评估团队成员是指评估过程中的管理者以及具体评估活动的实施者。风险评估实施团队由管理层、IT 技术成员等组成风险评估小组。风险评估领导小组由评估方、被评估方领导和相关部门负责人组成。

5. 确定信息安全风险评估依据和方法

根据系统调研结果，确定信息安全风险评估的依据和方法。

信息安全风险评估依据有如下四种：现有国际或国家有关信息安全的标准、组织的信息系统互联单位的安全要求、组织的行业主管机关的业务要求和制度、组织的信息系统本身的实时性或性能要求等。

根据信息安全风险评估依据和信息安全风险评估的目的、范围、时间、效果、评估人员素质等因素，选择一种具体的风险计算方法，并依据组织业务实施对系统安全运行的要求，确定相关的评估判断依据，使之能够与组织环境和安全要求相适应。

6. 制订信息风险评估方案

信息安全风险评估方案一般包括如下内容：

（1）团队组织：评估团队成员、角色、组织结构、责任等；

（2）工作计划：整个信息安全风险评估每个阶段的工作计划，即工作内容、形式、成果等；

（3）进度安排：包括时间进度、内容进度等。

信息安全风险评估活动是一个复杂的人为参与过程，为保证评估活动的成功，需制订详细可行的计划，并严格按照时间进度安排实施。

3.2.2 风险评估前期调查

风险评估前期调查的主要工作是进行系统调研，系统调研是了解、熟悉被评估对象的过程。风险评估团队应进行充分的系统调研，以确定风险评估依据和方法的选择，为实施评估内容奠定基础。调研内容应有如下几个部分：

（1）主要的战略及管理制度；

（2）主要的业务功能和要求；

（3）网络结构与环境，包括内部连接和外部连接；

（4）系统边界；

（5）数据和信息；

（6）主要的硬件、软件；

（7）系统和数据的敏感性；

（8）支持和使用系统的人员；

（9）其他。

系统调研应采取调查问卷、人员访谈、现场考察、核查表等形式进行，对信息系统的业务、组织结构、管理、技术等方面进行调查。调查问卷是一套关于管理或操作控制的问题表格，供系统技术或管理人员填写。调查问卷、人员访谈的方式使用了“调查表”，调查了系统的管理、设备、人员管理的情况；现场考察则是由评估人员到现场观察、考察设备的具体位置，核查设备的实际配置等情况，得出系统在物理、环境和操作方面的信息。

调查表列表如表3-1所示。

表 3-1　调查表列表

1. 单位基本情况调查表	11. 服务器设备情况
2. 参与测评项目相关人员名单	12. 应用系统软件情况
3. 信息资产登记表	13. 业务系统功能登记表
4. 信息系统等级情况	14. 信息系统承载业务（服务）表
5. 外联线路及设备端口（网络边界情况）	15. 业务数据情况调查
6. 信息系统网络结构（环境情况）	16. 数据备份情况
7. 安全设备情况	17. 应用系统软件处理流程（多表）
8. 网络设备情况	18. 业务数据流程（多表）
9. 物理环境情况	19. 管理文档情况调查
10. 终端设备情况	20. 安全威胁情况

具体调查表详细见附录 B。

3.2.3　风险评估工具准备

在进行评估识别阶段之前，评估单位和被评估组织应根据评估所用的实施方案，确定具体的工作内容，积极准备开展评估工作时所必需的条件，选择、完成评估活动所要用到的工具和表格。各个评估阶段所用到的表格和工具见表 3-2。

表 3-2　工具及资料准备

评估阶段	工具/表格类型	用途说明
资产识别	资产调查表	主要是推进资产识别活动，用于收集被评估组织信息资产的各方面信息以及安全需求，也可采用资产调查工具来实现
	资产管理工具	专为企业用户设计的工具，便于管理员管理企业的 IT 资产，被管理的对象主要是 IP 地址
	主动探测工具	如较为先进的漏洞扫描工具，在专门的扫描策略下，可以完成对绝大部分 IT 资产的精确辨别
威胁识别	IDS	主要是对入侵、攻击、非法访问等行为检测。
	IPS	检测入侵的方式与 IDS 相同，但可以自动阻断攻击或入侵
	流量分析工具	主要是对网络流量进行分析，从中发现异常访问行为
	审计工具	主要是从系统日志中读取出曾经发生的安全事件，以此降低人工审计的工作量
	威胁调查表	主要是通过访谈，从中发现被评估组织曾经发生过的安全事件以及潜在的安全威胁

（续表）

评估阶段	工具/表格类型	用途说明
脆弱性识别	访谈	采取现场访谈的方式或调查问卷的方式，也可以是两种方式的结合
	漏洞扫描工具	主要是检测被评估系统中存在的安全漏洞，常用的有 X-scan、极光漏洞扫描系统、天镜漏洞扫描系统
	各类检查表	主要是评估单位根据最佳安全实践，为信息系统中常见的组件进行手工的脆弱性识别而设计的检查表，常见的有：网络基础设施评估（路由器调查表、交换机调查表、DNS 调查表等）、操作系统评估（Unix 系统安全调查表、Windows 系统安全调查表）、应用系统评估（数据库安全调查表、通用应用系统安全检查表等）
	渗透测试工具集	进行明确的渗透测试，常用的工具有 Metasploit 渗透工具、Immunity CANVAS 渗透测试工具
安全措施确认	安全控制措施调查表	主要是用于推进已有安全措施的识别和确认工作，对于技术控制措施的识别仅仅是此项工作的一部分，同时还需对被评估组织当期已有的安全管理控制措施和操作控制措施进行识别和确认。大部分表格是基于某些安全标准或最佳安全实践设计，常见的有：策略评估（安全策略评估表格）、安全管理评估（安全管理评估检查表、物理环境评估检查表）
	安全意识调查表	主要是了解被评估组织人员的安全意识水平
综合风险分析	风险分析工具	此主要是用于风险分析和计算，完成分析环节重复性工作

3.2.4 资产识别

信息资产是具有价值的资源或者信息，它以多种形式存在，包括有形的、无形的、软硬件、文档、代码，还有服务、名誉等。风险评估中的资产价值应包括资产的经济价值，也由资产在机密性、完整性和有用性三个安全属性上的程度或者安全属性未达成时所造成的影响程度而决定。不同等级的安全属性将使资产的价值相差甚远，而资产的脆弱性、面临着的威胁以及所使用的安全措施都将极大影响资产安全属性的等级。为此，有必要对组织中的资产进行识别，且应清晰地识别到所有的资产，特别是划入风险评估范围和边界的所有资产都应被确认和评估。在实际环境中，信息系统是非常复杂的，划分了大量的子系统、应用以及模块，还包括了各种元素。对资产的划分如果不够细致，风险评估的工作就意义不大，获得的安全等级和安全建议及技术方案等都不够准确。在资产识别过程中，除了对资产进行合理分类之外，还应体现出资产之间的关联和层次。

1. 资产识别的工作内容

信息资产是信息系统的主要构成部分，不同信息资产因功能的不同其重要程度也不同。因此，对信息资产需要合理分类，做安全需求方面的分析，从而确定资产的重要程度。资产识别的主要工作内容是：①回顾评估范围之内的业务；②识别信息资产，进行合理分类；③确定每类信息资产的安全需求；④为每类信息资产的重要性赋值。

2. 评估范围内的业务识别

在一家企业中，各个部门因业务不同在企业的整体经营中的重要程度也不同，因此，要将企业各项业务赋值一个重要性级别，方便评估报告里的分析和对比。表 3-3 是业务重要性级别的一个简单实例，其中，5 为重要性最高，1 为最低。

表 3-3　业务重要性级别调查表

业务名称	业务描述	重要性级别
仓储	产品库存和固定资产保管	4
生产	产品制造及生产	5
研发	新产品和技术的研究与开发	5
财务	企业财务管理	3
销售	产品和服务销售	3
人事	人员招聘和工资管理等	2
行政	后勤等服务管理	1
宣传	企业对外宣传等	2

3. 资产的识别与分类

每个类别的资产都具有一定的安全属性，同一资产类别中的不同资产之间安全属性的差别是将每个资产类别进一步划分为多个信息资产子类的依据。

《GB/T：20984—2007》给出了一种资产分类方式，该方式基于表现的形式分为不同类资产，见表 3-4。

表 3-4　资产分类表

分类	示例
数据	电子文档：包括保存在信息媒介上的各种数据资料，如源代码、系统文档、数据库数据、运行管理规程、报告、计划、用户手册、各类纸质的文档等
软件	包括系统软件、应用软件和源程序等：操作系统、程序包、数据库管理系统、办公软件、数据库软件、代码

（续表）

分类	示例
硬件	网络设备：交换机、路由器、集线器等 计算机设备：大型机、小型机、服务器、工作站、台式计算机、便携计算机等 存储设备：磁带机、U盘、磁盘列阵、移动硬盘等 保障设备：UPS、变电设备等、空调、保险柜、文件柜、门禁、消防设备等 安全保障设备：身份鉴别、防火墙、入侵检测系统等 其他：打印机、传真机、扫描仪等
服务	信息服务：对外依赖该系统开展的各类服务 网络服务：网络连接各种网络设备、设施服务 办公服务：管理信息系统，有内部配置管理、文件流转管理等服务
人员	特指拥有重要信息和核心业务的人员
其他	客户关系、企业形象等

信息资产调查表安全，如表3-5所示。

表3-5　信息资产调查表案例

财务部门信息资产调查表	
1．系统和应用	
应用系统	财务管理系统、账务管理系统
操作系统	Windows 7、Windows XP
其他	—
2．硬件	
服务器	IBM、Dell、HP
网络和通信设备	华为路由器、Cisco 3550 交换机、调制解调器
个人电脑	IBM、Dell
其他设备	Sumsung、HP 打印机
3．其他信息资产	
备份数据	磁盘
纸质文档和文件	—
其他移动数据存储	移动硬盘、U盘、笔记本电脑
备注	

4．安全需求识别

安全需求识别的主要工作为按资产类别在业务或应用系统中的位置及作用分析资产类别在机密性（C）、完整性（I）和可用性（A）三个方面的要求。在进行安全需求分析时，需要考虑来自资产识别小组及被评估组织的参与人员的意见。

5. 资产的重要性识别

得到详细的资产清单后，组织应该对每项资产进行评价。

信息安全风险评估中资产的价值不是以资产的经济价值来衡量，而是以资产的保密性、完整性和可用性三个安全属性为基础进行衡量。若资产在保密性、完整性和可用性三个属性上的要求不同，则资产的最终价值也不同。

（1）机密性赋值。资产对机密性上的不同要求把机密性划分成五个不同的等级，每个等级决定了资产的机密性程度或者机密性缺失的负面影响。如表 3-6 所示为资产机密性赋值表。

表 3-6　资产机密性赋值表

赋值	标志	定义
5	很高	机构最重要的秘密，与机构的前途命运息息相关，决定着机构的根本利益，泄露会灾难性影响到机构
4	高	机构的重要秘密，其泄露会损害组织的安全和利益
3	中等	机构的一般性秘密，其泄露会伤害到组织的安全和利益
2	低	仅能向机构内部或某一部门内部公开的秘密，其泄露可能会轻微伤害到组织的安全和利益
1	很低	可面向外部的

（2）完整性赋值。资产对完整性上的不同要求把完整性划分成五个不同的等级，每个等级决定了资产的完整性程度或者完整性缺失的负面影响。表 3-7 提供了一种完整性赋值的参考。

表 3-7　资产完整性赋值表

赋值	标志	定义
5	很高	组织中非常重要的完整性价值，未经授权的修改或破坏会造成重大的或无法接受的影响，对业务冲击重大，严重到造成业务中断，难以弥补
4	高	组织中较高的完整性价值，未经授权的修改或破坏会重大影响到组织，严重冲击到业务，较难弥补
3	中等	组织中中等的完整性价值，未经授权的修改或破坏会影响到组织，明显冲击到业务，但可以弥补
2	低	组织中较低的完整性价值，未经授权的修改或破坏会轻微影响到组织，轻微冲击到业务，容易弥补
1	很低	组织中非常低的完整性价值，未经授权的修改或破坏可以忽略对组织影响，可以忽略对业务的冲击

（3）可用性赋值。资产对可用性上的不同要求把可用性划分成五个不同的等级，每个等级决定了资产的可用性程度或者可用性缺失的负面影响。表 3-8 提供了一种可用性赋值的参考。

表 3-8　资产可用性赋值表

赋值	标志	定义
5	很高	组织中非常高的可用性价值，信息及信息系统的可用度利用率 99.9%以上，或系统不允许中断
4	高	组织中较高的可用性价值，信息及信息系统的可用度利用率 90%以上，或系统允许中断时间小于 10 分钟
3	中等	组织中中等的可用性价值，信息及信息系统的可用度利用率在正常工作时间达到 70%以上，或系统允许中断时间小于 30 分钟
2	低	组织中较低的可用性价值，信息及信息系统的可用度利用率在正常工作时间达到 25%以上，或系统允许中断时间小于 60 分钟
1	很低	组织中可以忽略的可用性价值，信息及信息系统的可用度利用率在正常工作时间低于 25%

综合评定资产的机密性、完整性和可用性上的赋值等级，得出资产价值。综合评定方法结合自身的特点，比较资产机密性、完整性和可用性三大属性，得出最为重要的一个属性的赋值等级，最终赋值给资产；也可以对资产机密性、完整性和可用性三大属性的不同等级进行加权计算，最终赋值给资产。加权方法可结合组织的业务特点自行确定。为对应上述安全属性的赋值，按最终赋值结果把资产划分为五个等级，资产的重要性随等级变动，也可以综合组织的实际情况得到资产识别中的赋值依据和等级。表 3-9 中的资产等级划分综合描述了不同等级的重要性。评估者可通过资产赋值结果得到重要资产的范围，并主要围绕重要资产进行下一步的风险评估。

表 3-9　资产等级及含义描述

等级	标志	描述
5	很高	资产重要性最高，其安全属性的缺失破坏会对机构造成非常严重的损失
4	高	资产重要，其安全属性的缺失破坏可能会对组织造成比较严重的损失
3	中	资产比较重要，其安全属性的缺失破坏可能会对机构造成中等程度的损失
2	低	资产不太重要，其安全属性的缺失破坏可能对机构造成较低的损失
1	很低	资产不重要，其安全属性的缺失破坏对组织造成很小或忽略不计的损失

6. 资产识别示例

根据对××系统的调查分析，并结合业务特点和系统的安全要求，给出了一个系统的信息资产识别的例子供参考。

（1）确定系统需要保护的资产，见表 3-10。

表 3-10　信息系统资产列表

资产编号	资产名称	型号
A01	PC	联想 C560
A02	防火墙	H3C SecPath F100-E
A03	核心交换机	H3C S7603
A04	部门交换机	H3C S1626
A05	门户网站主服务器	WindowsServer2003
A06	××系统数据库	WindowsServer2003
A07	空调	格力

（2）对识别的信息资产，按照资产的不同安全属性，即保密性、完整性和可用性的重要性和保护要求，按照参考表，分别对资产赋值，然后对其赋值进行加权计算得到资产的最终赋值结果，见表 3-11。

表 3-11　资产价值表

资产编号	资产名称	安全属性赋值			权值			资产价值	资产重要性
		保密性	完整性	可用性	保密性	完整性	可用性		
A01	PC	1	4	4	0.1	0.4	0.5	3.7	高
A02	防火墙	3	5	5	0.2	0.4	0.4	4.6	很高
A03	核心交换机	3	5	5	0.2	0.4	0.4	4.6	很高
A04	部门交换机	2	4	4	0.2	0.4	0.4	3.6	高
A05	门户网站主服务器	3	4	4	0.3	0.3	0.4	3.7	高
A06	××系统数据库	3	4	4	0.3	0.3	0.4	3.7	高
A07	空调	1	2	4	0.0	0.5	0.5	3.0	中

3.2.5　威胁识别

威胁是指可能导致危害系统或组织的不希望事故的潜在起因。威胁是一个客观存在，正因为存在威胁，组织和信息系统才会存在风险。因此，风险评估工作中，需全面、准确地了解组织和信息系统所面临的各种威胁。威胁识别活动的主要目的是建立风险分析所需要的威胁场景。

1. 威胁识别的工作内容

威胁识别的主要工作内容有以下四点：威胁识别、威胁分类、威胁赋值、构建威胁场景。

2. 威胁识别

威胁可以分为实际威胁和潜在的威胁，故进行威胁识别的活动也需要区分开来。

在实际威胁中，对威胁进行识别的主要方法有人员访谈方式和工具检测方式。人员访谈可以快速了解到被评估单位近期发生过何种威胁，通过面对面访谈关键资产的负责人，威胁识别小组的人员可以直接获得关键资产曾经遭受到的破坏，或在对一些安全事件进行分析后，间接得到威胁的源头。威胁人员访谈的记录表如表 3-12 所示。被评估单位的人员可能在能力或技术上有局限性，不能察觉所有发生过的威胁，这时威胁识别小组成员需用专业的工具或技能来检测这些未察觉的威胁。工具检测主要从网络流量和日志记录着手，网络流量方面的工具主要采用 IDS 来完成这项工作，特殊情况下还可以考虑使用协议分析工具来检测网络流量的异常。在日志记录方面，可以采用一些审计工具来完成，还可以利用日志分析工具快速获取威胁信息。威胁识别工具检测记录表如表 3-13 所示。

需要注意的是，工具检测过程中所有的原始数据都应保留下来，方便日后评估组织进行核查和加固。

而在安全性和实时性非常苛刻的系统中，威胁识别时使用的工具应谨慎。另外，工具检测的内容有限，威胁识别小组成员可能需要进行更深入的手工检查。

表 3-12　威胁人员访谈记录表

<table>
<tr><td colspan="4">威胁人员访谈记录表</td></tr>
<tr><td>项目名称或编号</td><td></td><td>表格编号</td><td></td></tr>
<tr><td colspan="4">访谈活动信息</td></tr>
<tr><td>日期</td><td></td><td>起止时间</td><td></td></tr>
<tr><td>访谈者</td><td rowspan="2"></td><td rowspan="2">访谈对象及说明</td><td rowspan="2"></td></tr>
<tr><td>地点说明</td></tr>
<tr><td colspan="4">记录信息</td></tr>
<tr><td>受损资产</td><td></td><td>资产描述和类别</td><td></td></tr>
<tr><td>现象描述</td><td colspan="3"></td></tr>
<tr><td>威胁主体</td><td colspan="3"></td></tr>
<tr><td>威胁来源</td><td colspan="3"></td></tr>
<tr><td>方式和途径</td><td colspan="3"></td></tr>
<tr><td>结果和影响</td><td colspan="3"></td></tr>
<tr><td>技术脆弱性</td><td colspan="3"></td></tr>
<tr><td>缺失或薄弱的控制措施</td><td colspan="3"></td></tr>
<tr><td>后续的补救措施</td><td colspan="3"></td></tr>
<tr><td>备注</td><td colspan="3"></td></tr>
</table>

表 3-13　威胁工具检测记录表

威胁人员访谈记录表			
项目名称或编号		表格编号	
访谈活动信息			
日期		起止时间	
检测者		配合人员	
检测方式		位置说明	
记录信息			
受损资产		资产描述和类别	
现象描述			
威胁主体			
威胁来源			
方式和途径			
结果和影响			
技术脆弱性			
缺失或薄弱的控制措施			
建议的补救措施			
原始数据			
备注			

3. 威胁分类

《GB/T 20984—2007》中给出了一种威胁分类方式，该方式基于表现的形式划分威胁。见表 3-14。

表 3-14　威胁分类表

种类	描述	威胁子类
硬件故障	设备本身的硬件故障、通讯链路中断、系统本身或软件缺陷等问题	设备硬件故障、系统软件故障、传输设备故障、存储媒体故障、数据库软件故障、应用软件故障、开发环境故障
物理环境影响	对信息系统正常运行造成影响的物理环境问题和自然灾害	鼠蚁虫害、断电、静电、灰尘、潮湿、温度、电磁干扰、洪灾、地震等
无作为或操作失误	应该执行而没有执行相应的操作，或无意地执行了错误的操作	维护错误、操作失误等
管理不到位	安全管理无法有序运行	管理制度和策略不完善、管理规程缺失、职责不明确、监督控管机制不健全

（续表）

种类	描述	威胁子类
恶意代码	故意在计算机系统上执行恶意任务的程序代码	蠕虫、病毒、特洛伊木马、陷门、间谍软件、窃听软件等
越权或滥用	通过采用一些措施，超越自己的权限访问了本来无权访问的资源，或者滥用自己的职权，做出破坏信息系统的行为	非授权访问网络资源、非授权访问系统资源、滥用权限非正常修改系统配置或数据、滥用权限泄露秘密信息等
网络攻击	利用工具和技术通过网络对信息系统进行攻击和入侵	网络探测和信息采集、漏洞探测、嗅探（账户、口令、权限等）、用户身份伪造和欺骗、用户或业务数据的窃取和破坏、系统运行的控制和破坏等
物理攻击	通过物理的接触造成对软件、硬件、数据的破坏	物理接触、物理破坏、盗窃等
泄密	信息泄露给不应了解的他人	内部信息泄露、外部信息泄露等
篡改	非法修改信息，破坏信息的完整性导致系统的安全性降低或信息成为不可用	篡改系统配置信息、篡改网络配置信息、篡改用户身份信息或业务数据信息等
抵赖	不承认先前收到的信息和所做的操作和交易	原发抵赖、接收抵赖、第三方抵赖等

根据威胁产生的起因、表现和后果不同，威胁还可分为以下几个内容。

（1）网络攻击。网络攻击是指利用网络存在的漏洞和安全缺陷对网络系统的硬件、软件及其系统中的数据进行的攻击，并造成信息系统异常或对信息系统当前运行造成潜在危害。网络攻击包括：后门攻击、漏洞攻击、拒绝服务攻击、网络扫描窃听、网络钓鱼、干扰和其他网络攻击。

（2）有害程序。有害程序是指插入信息系统中的一段程序，危害系统中数据、应用程序或操作系统的保密性、完整性或可用性，或影响信息系统的正常运行。有害程序包括：计算机病毒、蠕虫、特洛伊木马、僵尸网络、混合攻击程序、网页内嵌恶意代码和其他有害程序。

（3）信息破坏。信息破坏是指通过网络或其他技术手段，造成信息系统中的信息被篡改、假冒、泄露、窃取等。信息破坏包括：信息篡改、信息假冒、信息泄露、信息窃取、信息丢失及其他信息破坏。

（4）信息内容攻击。信息内容攻击指利用信息网络发布、传播危害国家安全、社会稳定和公共利益、企业和个人利益的内容攻击。

（5）设备设施故障。设备设施故障是指由于信息系统自身故障或外围保障设施故障，造成信息系统异常或对信息系统当前运行造成潜在危害。设备设施故障包括：软硬件自身造成的故障、外围保障设施产生的故障、人为破坏和其他设备设施造成的故障。

（6）灾害性破坏。灾害性破坏指由于不可抗力对信息系统造成物理破坏。灾害性破坏包括：水灾、台风、坍塌、火灾、恐怖袭击、战争等。

（7）其他威胁。

表 3-15 列出了一种详细的威胁分类表。

表 3-15　一种详细的威胁分类表

主体	途径	方位	意图	具体威胁
人为威胁	网络的	外部的	蓄意行为	针对实物的盗窃
				非授权扫描
				网页篡改
				病毒
				黑客行为/计算机犯罪
			意外行为	非故意的拒绝服务攻击
				不完善/过时的法律
				外包运作的失败
		内部的	蓄意行为	针对实物的盗窃
				非授权扫描
				网络/应用的后门程序
				使用非正版软件
				黑客行为/计算机犯罪
			意外行为	人为错误或失误
				非故意的拒绝服务攻击
	物理的	外部的	蓄意行为	战争抢夺
			意外行为	车祸 飞机失事
		内部的	蓄意行为	工作中断
				怠工
			无意行为	关键人员缺失
				计算机未锁定
非人为威胁	系统的	外部的		电源故障
				DNS 故障
		内部的		电压波动
				软件缺陷
	环境的	外部的		自然灾害
				电磁干扰
		内部的		烟火
				粉尘

4. 构建威胁场景

在进行了威胁识别和威胁分类之后，可以为所有的关键资产构建威胁场景图，供后续的风险分析/风险计算。

构建威胁场景实质上是给所有的关键资产和其所面对的实际和潜在威胁建立对应关系。构建威胁场景可以得到两方面的好处：首先，去除掉那些不可能存在的“关键资产-威胁”配对，减少后续的工作；其次，威胁场景可以使威胁的来源、途径和结果得到明确，有助于后续的风险分析和安全控制措施的进行。

表 3-16 列出了一种服务器类资产的威胁场景示例。

表 3-16　一种详细的威胁分类表

关键资产	途径	来源	威胁	结果
服务器主机	网络	外部	DDoS 攻击	网络瘫痪
		内部	ARP 欺骗	上网异常
	物理	外部	地震	机房损毁
		内部	关键人员缺失	损失或破坏
	系统	外部	恶意攻击	瘫痪
		内部	计算机硬件故障	中断
	环境	外部	自然灾害	中断
		内部	烟火	中断

5. 威胁赋值

对资产造成威胁的另一个重要的因素是威胁出现的频率。威胁出现的频率在一定程度上决定了威胁严重程度，评估者应结合之前的评估经验和（或）相关统计数据来判断。在评估中，以下三个方面是频率统计的重点，决定了在某种评估环境中各种威胁出现的频率：

（1）过往安全事件报告中发生过的威胁及其频率；

（2）实际环境中检测工具以及各种日志发现的威胁及其频率；

（3）最近时间内国际组织对整个社会或特定行业的威胁及其频率和威胁预警。

可以等级化处理威胁出现的频率，与资产划分等级相对应，不同等级分别代表威胁出现的频率的高低。

表 3-17 是一种威胁出现频率的赋值方法。在实际的评估中，威胁频率的判断应结合历史统计或行业判断在评估准备阶段进行确定，并被评估方所认可。

表 3-17　威胁赋值表

等级	标志	定义
5	很高	威胁出现的频率很高（或≥1 次/周）；或在大多数情况下几乎不可避免；或可以证实经常发生过

（续表）

等级	标志	定义
4	高	威胁出现的频率较高（或≥ 1 次/月）；或在大多数情况下很有可能会发生；或可以证实多次发生过
3	中	威胁出现的频率中等（或> 1 次/半年）；或在某种情况下可能会发生；或被证实曾经发生过
2	低	威胁出现的频率较小；或一般不太可能发生；或没有被证实发生过
1	很低	威胁几乎不可能发生，仅可能在非常罕见和例外的情况下发生

6. 威胁识别示例

首先收集××系统所面临的威胁，然后对威胁的来源和行为进行分析，得到威胁列表，见表 3-18。

表 3-18　××××面临的威胁列表

威胁编号	威胁类型	描述
T01	硬件故障	硬件设备故障中断业务的运行
T02	恶意代码	对信息系统构成破坏的程序代码
T03	泄密	遭到恶意攻击而造成系统秘密信息被盗窃
T04	数据篡改	遭到恶意攻击破坏信息的完整性
T05	木马攻击	木马攻击
T06	操作失误或维护错误	执行错误操作，对系统造成影响
T07	未授权访问	因系统或网络访问控制不当引起的非授权访问

3.2.6　脆弱性识别

脆弱性（vulnerability），是资产或资产组中存在的可能被威胁利用造成损害的薄弱环节，脆弱性一旦被威胁成功利用就可能损害到资产。漏洞可能存在于物理环境、过程、组织、人员、配置、管理、硬件、软件和信息等各个方面。

脆弱性是资产自身存在的，如没有被威胁利用，脆弱性本身不会对资产造成损害。如信息系统足够健壮，威胁难以导致安全事件的发生。也就是说，威胁是通过利用资产的脆弱性，才可能对系统造成危害。因此，组织一般通过尽可能消减资产的脆弱性，来阻止或消减威胁造成的影响，所以脆弱性识别是风险评估中最重要的一个环节。

1. 脆弱性识别的工作内容

各类技术脆弱性的存在导致了安全事件发生的概率大大增加，加大了信息系统的整体风险，故需要对信息系统中的脆弱性进行识别。脆弱性识别应包括以下工作内容：脆弱性识别、识别结果整理与展示、脆弱性赋值。

2. 脆弱性识别

脆弱性识别包括：脆弱性的基本特征、时间特征和环境特征的识别。

（1）脆弱性的基本特征包括：①访问路径。该特征反映了脆弱性被利用的路径，包括：本地访问、邻近网络访问、远程网络访问；②访问复杂性。该特征反映了攻击者能访问目标系统时利用脆弱性的难易程度，可用三个值高、中、低进行度量；③鉴别。该特征反映了攻击者为了利用脆弱性需要通过目标系统鉴别的次数，可用多次、1次、0次三个值进行度量；④保密性影响。该特征表示威胁利用脆弱性时影响保密性的程度，可用三个值即完全泄密、部分泄密、不泄密进行度量；⑤完整性影响。该特征表示威胁利用脆弱性时影响完整性的程度，可用三个值即完全修改、部分修改、不能修改进行度量；⑥可用性影响。该特征表示威胁利用脆弱性时影响可用性的程度，可用三个值即完全不可用、部分可用、可用性不受影响进行度量。

（2）脆弱性的时间特征包括：①可利用性。该特征表示脆弱性可利用技术的状态或脆弱性可利用代码的可获得性；②补救级别。该特征表示脆弱性可补救的级别；③报告可信性。该特征表示脆弱性存在的可信度以及脆弱性技术细节的可信度。

（3）脆弱性的环境特征包括：①破坏潜力。该特征表示通过破坏或偷窃财产和设备，造成物理资产和生命损失的潜在可能性；②目标分布。该特征表示了存在特定脆弱性的系统的比例；③安全要求。该特征表示组织和信息系统对IT资产的保密性、完整性和可用性的安全要求。

脆弱性识别可从技术和管理两个方面进行着手。表3-19提供了一种脆弱性识别内容的参考。

表3-19　脆弱性分类表

类型	识别对象	识别内容
技术脆弱性	物理环境	从机房场地、防火、供配电、防静电、接地与防雷、电磁防护、通信线路的保护、区域防护、设备管理等方面进行识别
	网络结构	从网络结构设计、内部访问控制策略、边界保护、外部访问控制策略、网络设备安全配置等方面进行识别
	系统软件	从补丁安装、访问控制、用户账号、口令策略、资源共享、事件审计、新系统配置、注册表加固、系统管理等方面进行识别
	应用中间件	从协议安全、交易完整性、数据完整性等方面进行识别
	应用系统	从审计机制、审计存储、访问控制策略、数据完整性、通信、鉴别机制、密码保护等方面进行识别

（续表）

类型	识别对象	识别内容
管理脆弱性	技术管理	从物理和环境安全、系统开发与维护、访问控制、业务连续性等方面进行识别
	组织管理	从安全策略、组织安全、资产分类与控制、人员安全、符合性等方面进行识别

在识别脆弱性的同时，评估人员应对已采取的安全措施及其有效性进行确认。安全措施的确认应分析其有效性，即是否能够抵御威胁的攻击。保持有效的安全措施，节省不必要的工作和费用，避免安全措施的重复实施，修正或取消不适当的安全措施，用更科学的安全方式所取代。

当前识别脆弱性的主要方法有：

- 问卷调查
- 工具检测
- 人工检查
- 文档查阅
- 渗透性测试等。

这里简单介绍下最常见的两种识别方式：工具检测和人工检查。

工具检测采用漏洞检测工具检测脆弱性，有较高的检测效率，因此实际项目中评估单位大都选用这种方式。因对实际业务系统进行工具扫描具有一定的危险性，故在扫描之前，应做好充分的准备。扫描计划应详细准确，包含几个方面的内容：扫描对象和范围、工具选择和使用、扫描任务计划、风险规避措施。

人工检查相较于工具检测可能效率没那么高，但在安全方面更胜一筹，故对那些可用性要求高的系统通常采用人工检查的方式。

3. 脆弱性分析

根据等级方式、技术实现的难易程度、弱点的流行程度和资产的损害程度，对已识别的脆弱性的严重程度进行赋值。因为许多弱点造成的是同一结果，或体现的是相似的问题，在赋值时应对这些弱点综合考虑，才能确认该脆弱性的严重程度。

除此之外，组织管理脆弱性也会对某资产的技术脆弱性的严重程度造成影响。所以，参考组织管理和技术管理脆弱性的严重程度对资产的脆弱性赋值很有帮助。

等级化处理脆弱性的严重程度，资产脆弱性的严重程度可以用不同的等级划分。脆弱性严重程度越低，则等级数值越小；同理，脆弱性严重程度越高，则等级数值越大。一种脆弱性严重程度赋值法如表 3-20 所示。

表 3-20　脆弱性严重程度赋值表

等级	标志	定义
5	很高	如果被威胁利用，将对资产造成完全损害

（续表）

等级	标志	定义
4	高	如果被威胁利用，将对资产造成重大损害
3	中等	如果被威胁利用，将对资产造成一般损害
2	低	如果被威胁利用，将对资产造成较小损害
1	很低	如果被威胁利用，将对资产造成的损害可以忽略

在识别了脆弱性之后，还要将它与相关的威胁结合起来，表 3-21 列出了一些常见的脆弱性和威胁的映射。

表 3-21　脆弱性与威胁对应关系

脆弱性类别	描述	威胁映射
环境类	缺乏对建筑物的物理保护	盗窃
	不稳定的电力供应	电涌
硬件	电压敏感性	电压波动
	电磁辐射敏感性	电子干扰
软件	软件测试过程不充分	未授权用户使用
	用户接口复杂	操作人员错误
	缺乏审计记录	软件被非授权使用
	缺少文档	操作人员错误
	不必要的服务被启用	软件被非授权使用
通信	未保护的通信线路	窃听
	明文传送口令	非法用户访问网络
	拨号线路	非法用户访问网络
文档	未保护的存储介质	盗窃
	未对拷贝进行控制	盗窃
人员	旷工	人手不足
	安全训练不足	操作人员错误
	不完善的招聘流程	故意破坏
工作流程	缺乏信息处理设施使用授权	故意破坏
	缺乏对访问权限审核的正式处理流程	非授权的访问
	缺少持续性计划	技术故障
	缺乏对信息处理设施的监控	非授权的访问
	缺乏定期审计	非授权的访问
业务应用	日期不正确	用户错误
…	…	…

4. 脆弱性识别示例

从技术和管理两方面对××系统的脆弱性进行评估。部分脆弱性评估结果见表 3-22 与表 3-23。

表 3-22　技术脆弱性评估结果

类型	资产名称	脆弱性编号	描述
技术脆弱性	PC	TV01	未及时安装补丁
		TV02	木马
	防火墙	TV03	路由器未设置密码，允许外来者获得网络信息
		TV04	防火墙没有配置自身抗攻击功能
		TV05	开启了不安全的 Telnet 服务
	核心交换机	TV06	交换机没有配置用户权限
		TV07	没有使用 AAA 认证
	部门交换机	TV08	VTY 存在弱口令账号
	门户网站主服务器	TV09	没有重命名超级管理员账号
	××系统数据库	TV10	PUBLIC 角色不适当权限
	空调	TV11	设备老化

表 3-23　技术脆弱性评估结果

类型	编号	描述
管理脆弱性	AV01	管理者没有依据业务要求和相关法律法规提供管理指导并支持信息安全
	AV02	没有保持建立管理框架，以启动和控制组织范围内的信息安全的实施
	AV03	缺少对第三方人员进行安全意识教育、岗位技能培训和相关安全技术培训
	AV04	对设备的安全处置和再利用没有做出规定

3.2.7　安全措施分析

安全控制措施直接决定了安全事件发生的可能性高低及其不良影响的大小。因此，在风险分析阶段之前必须进行安全措施的识别和确认，对被评估单位已有安全措施进行有效性分析，以帮助后续的风险分析。安全控制措施大致有技术控制措施、管理和操作控制措施两大类。

1. 安全措施工作内容

对安全措施的识别和确认主要分为两部分：技术控制措施的识别和确认、管理和操作控制措施的识别和确认。

2. 技术控制措施的识别和确认

技术安全控制措施一般随着信息系统不断建设和完善，保护对象非常明确，故识别相对简单。识别小组对信息系统的识别一般按系统层次进行识别。如有以下层次识别：网络层、系统层、应用层、数据层。

识别结束后，按一定的格式记录识别结果即可。

对已有安全措施的有效性的确认，是指这些控制措施是否满足被评估单位的期望。有多种多样的方式可以确定安全控制措施的有效性，主要有以下三种方式：访谈和调查、工作原理分析、无害测试。表3-24列出了一个关于网络的技术控制措施部分确认表格的示例。

表3-24　技术控制措施识别和确认

控制目标和技术	无计划	已计划	已实行	是否定期审核	实施或审核情况及其他补充说明
所有的路由器、交换机、无线网桥和防火墙是否都进行了安全配置管理，配置的内容是否都经过审核确认并记录存档					
如果使用了无线网络技术，是否限制只有经过授权的设备才能访问该网络					
是否使用了防火墙设备对企业网络流量进行限制和保护					
企业业务数据库服务器是否部署在内部网而不是DMZ					
Web服务器是否部署在专门的DMZ					

3. 管理和操作控制措施的识别与确认

在识别确认管理和操作控制措施时采用的主要方法为访谈和调查。一般识别过程为：制定评估表格、确定访谈对象、访谈和调查。

4. 分析和统计

调查之后，识别小组成员需做统计和展现，按统计结果，识别小组人员应指出安全管理在哪些具体方面需加强。已有安全控制措施的赋值可按表3-25所示。

表3-25　安全控制措施级别

已有控制措施值	定义
0	没有相应的控制措施
50%	有相应的控制措施但不够完善或未得到很好的实施
100%	有相应的控制措施且比较完善，并得到了很好的实施

3.3 风险分析阶段

3.3.1 风险分析

在完成了资产识别、威胁识别、脆弱性识别，以及对已有安全措施的确认后，我们还要进行风险分析，即确定资产、威胁和脆弱性相互之间的关系。风险分析阶段的主要工作是完成风险的分析和计算。

威胁能利用脆弱性导致安全事件的发生。根据威胁出现的频率及脆弱性状况，计算威胁能利用脆弱性导致安全事件的发生的可能性：

安全事件发生的可能性=L（威胁出现频率，脆弱性）=L（T，V）

在具体评估中，应综合攻击者技术能力（专业技术程度、攻击设备等）、脆弱性会被利用的程度、资产吸引力等来判断安全事件发生的可能性。

综合安全事件所作用的资产价值及脆弱性的严重程度，判断安全事件造成的损失对组织的影响，即安全风险。

根据资产价值及脆弱性严重程度，计算安全事件一旦发生后的损失，即：

安全事件的损失=F（资产价值，脆弱性严重程度）=F（Ia，Va）。

计算部分安全事件的发生造成的损失，应将对组织的影响也考虑在内，还应参照安全事件发生可能性的结果，对于发生可能性极小的安全事件可以不计算其损失。

部分安全事件损失的判断还应参照安全事件发生可能性的结果，对发生可能性极小的安全事件（如处于非地震带的地震威胁、在采取完备供电措施状况下的电力故障威胁等）可以不计算其损失。

风险分析包括考虑风险的原因和来源，以及所带来的正面和负面的影响及这些后果将会发生的可能性。影响后果的因素和可能性需要被识别。通过确定后果和其可能性以及其他风险特点，来进行风险分析。一个事件可以有多种结果并可以影响不同的目标。现有的控制措施及其效果和效率也需要被考虑在内。

后果和可能性的表达方式，以及它们组合确定风险程度的方式，都应当反映该风险的类型、可获得的信息以及运用风险评价输出的意图。这些全部都要符合风险准则。考虑不同风险和其源的相互依赖性也是非常重要的。

风险程度的确定和其前提和假设的敏感性，都应当在风险分析中给予考虑，并通过沟通的方式传递给决策者以及利益相关方。诸如专家间观点的分歧、不确定性、可用性、质量、数量、信息的持续相关性，或模型的局限性等因素，都应当予以阐述并且可以重点强调。

风险分析可以在不同程度的细节上进行，这取决于风险本身、分析的目的、可用的信息数据和风险的来源。依据环境条件，分析可以是定性的、半定量或定量的，也可以是组合的方式。

后果和其可能性可以通过模拟一个或一系列事件的情形来得到结果，或由实验研究或可用数据推断后进行确定。后果可基于有形和无形的影响来表述。在某些情况下，一个以上的数值或描述，应当界定针对不同时间、地点、团体或状况的后果及其可能性。

3.3.2 风险计算

3.3.2.1 风险计算原则

在进行风险值的计算之前，必须要确立好一个风险计算的原则，这里主要介绍定性、定量计算方法，并且确立好风险的计算公式。

目前很难有一种风险计算方法适用于所有的信息安全风险评估过程。这是因为在对风险评估结果的实际应用中，不能用非常精确的数据来表示脆弱性严重程度、威胁发生可能性和影响程度等因素。信息资产关键因素计算过程非常依赖于评估者的经验，往往会得出不同的风险值。关于该问题国际上还在进一步的研究中。

1. 定量的风险评估计算模型

（1）基本要素描述。模型基本要素为：资产价值、威胁、脆弱、风险。

①资产价值是指在评估范围内的资产的自身价值和资产在系统内重要性的统一值；

②威胁是指信息资产的安全有可能会遭到破坏，因为目前不可能实现事件和脆弱的精确对应，所以采用威胁来关联事件和威胁，定量的风险评估计算模型知识库自身定义的威胁得出服务人员根据事件类和脆弱来建立；

③脆弱本身是无害的，是被威胁利用来影响资产的一个必要条件，定量的风险评估计算模型知识库自身定义了具体脆弱，包括扫描器的脆弱和人工评估的具体脆弱；

④风险是指某个事件范围内企业的安全状况，可以表示为威胁可能性和威胁影响性的函数。风险的函数关系为：

风险 $=F$（资产价值、脆弱值、威胁影响值、威胁可能性）

（2）资产价值。这里的资产价值为信息系统中的价值，与资产的 CIA 三性有关（此时的资产价值不仅仅为自身的价值，而是它在信息系统中的价值，与资产的机密性、完整性和可用性有关。

（3）脆弱值。脆弱值是脆弱的一个属性，范围在 1～5，整型。安全脆弱分为安全脆弱类型和安全脆弱值，安全脆弱类型的数据结构如表 3-26 所示。

表 3-26 安全脆弱类型数据结构

项目	描述
脆弱类型名称	该脆弱类型的具体名称
脆弱类型编号	指脆弱类型的编号
详细资料	该脆弱类型的详细描述
来源	来源有：1=安全管理审计、2=工具扫描、3=人工评估、4=网络架构评估、5=业务流程安全评估

安全脆弱库中存储了脆弱的详细信息，标准安全脆弱库的数据结构如表 3-27 所示。

表 3-27　安全脆弱值数据结构

项目	描述
脆弱编号	指该安全脆弱的具体编号
脆弱名称	该安全脆弱的具体名称
严重程度	指该安全脆弱的严重程度，已经固化在知识库中
漏洞类型	指该安全脆弱所属的漏洞类型
影响范围	指该安全脆弱可能会影响的操作系统的编号
对应的威胁	指该安全漏洞可能被利用的威胁
来源	来源有：1=安全管理审计、2=工具扫描、3=人工评估、4=网络架构评估、5=业务流程安全评估

（4）威胁影响值。威胁影响值分为影响初始值和影响资产值。影响初始值是根据统计和经验判断某个威胁可能造成的影响的大小，由服务人员赋予，固化在系统知识库中（可通过知识库升级修订）。

影响资产值指发生威胁后影响三大特定属性（*C*、*I*、*A*），由三个权重（*C* 权重、*I* 权重、*A* 权重）构成影响资产权重数组，此数组中 *CIA* 权重分别与资产的 *CIA* 值相乘后求和除以 3，再开平方根得到影响资产值。

威胁影响值则可以分为威胁初始影响值和威胁影响资产值两部分。

（5）威胁可能性。威胁可能性的判断可以确定某资产是否面临某个威胁以及这个威胁发生的可能性有多大。威胁可能性的计算包含三个参数：固定经验值、发生条件值和发生次数值。威胁可能性范围是在 1～5，整型。0 代表该资产上不存在此威胁，其与漏洞之间的对应关系应该要被删除。

固定经验值固化在系统中，不提供给用户修改，也不提供给服务人员修改，只能在软件升级时修改。范围是在 1～5，整型。

威胁的固化经验值，该值是国际组织长期统计的结果。固化在系统子知识库中，不能够被修改，只能在知识库升级时修改。范围为 1～5，整型。

发生条件值的赋予由服务人员提供，通过评估工具提供的一个可以修改知识库中可能性的功能，初始值为固定经验值，在此基础上调整。范围为 1～5，整型。

2. 定性的风险评估计算模型

（1）风险等级矩阵。下面两个方面决定信息系统的风险：

1）在现有的控制措施下，威胁源利用系统脆弱性的可能性；

2）被攻击后，系统的危害程度。

威胁发生的可能性与威胁源的能力和动机、系统脆弱性和已实施的控制措施有关。为了计算信息系统的风险，应先计算风险等级矩阵。矩阵的风险等级数值表示了风险的危害程度，如表 3-28 所示。

表 3-28　风险等级矩阵

威胁	危害程度		
	高（100）	中（60）	低（10）
高（1.0）	100	50	10
中（0.5）	50	25	5
低（0.1）	10	5	1

（2）风险等级范围。可将风险等级矩阵中的数值按照组织的具体情况的定性分为几个风险等级范围，以得到直观的风险状况。例如可将上表 3-28 中的数值划分成几个范围：

①高风险（100～50）；

②中风险（50～10）；

③低风险（10～0）。

这样组织的管理者就可以根据等级范围来制定相应的策略。

3.3.2.2　风险值计算

根据威胁、脆弱、资产都会增加的风险值，得到风险值计算公式。这里根据威胁利用资产的脆弱性导致安全事件发生的可能性、安全事件发生后造成的损失来计算风险值，即，

风险值 $= R(A,T,V) = R$（安全事件发生的可能性,安全事件的损失）

$= R(L(T,V),F(Ia,Va))$

其中，R 表示风险计算函数，A 表示资产，T 表示威胁，V 表示脆弱性，Ia 表示安全事件所作用的资产价值，Va 表示脆弱性严重程度，L 表示威胁利用资产的脆弱性导致安全事件发生的可能性，F 表示安全事件发生后造成的损失。

3.3.2.3　矩阵法计算风险

矩阵法主要用于由两个要素值确定一个要素值的情形。

函数 $z = f(x,y)$可以采用矩阵的形式进行表示。以要素 x 和要素 y 的取值构造一个二维的矩阵，如表 3-29 所示，矩阵内 $m*n$ 个值即为要素 Z 的取值。

表 3-29　矩阵构造

y / x	y_1	y_2	…	y_j	…	y_n
x_1	z_{11}	z_{12}	…	z_{1j}	…	z_{1n}
x_2	z_{21}	z_{22}	…	z_{2j}	…	z_{2n}
…	…	…	…	…	…	…
x_i	z_{i1}	z_{i2}	…	z_{ij}	…	z_{in}
…	…	…	…	…	…	…
x_{m1}	z_{m1}	z_{m2}	…	z_{mj}	…	z_{mn}

其中，矩阵的计算根据实际情况来定，对于 z_{ij} 的计算不一定遵循计算公式，但是必须具有统一的增减趋势。

示例：假设有 2 个重要资产，资产 A_1、A_2，资产所面临的威胁及威胁可利用资产的脆弱性见表 3-30 所示。括号内是其等级值。

表 3-30　资产、威胁、脆弱性表

资产	威胁	脆弱性
资产 A_1（4）	威胁 T_1（1）	脆弱性 V_1（2）
		脆弱性 V_2（3）
	威胁 T_2（1）	脆弱性 V_3（1）
		脆弱性 V_4（4）
		脆弱性 V_5（2）
资产 A_2（5）	威胁 T_3（2）	脆弱性 V_6（4）
		脆弱性 V_7（2）

使用矩阵法，计算资产的风险值。首先计算 A_1 的风险值，资产 A_1 面临的威胁有 T_1 和 T_2，T_1 可以利用资产 A_1 存在的脆弱性有 2 个，即 V_1 和 V_2，T_2 可以利用资产 A_1 存在的脆弱性有 3 个，即 V_3、V_4 和 V_5，因此资产 A_1 存在的风险值有 5 个。下面计算资产 A_1 面临的威胁 T_1，可以计算利用脆弱性 V_1 的风险值。

计算安全事件发生的可能性。

构建安全事件发生的可能性矩阵，如表 3-31 所示。

表 3-31　安全事件发生的可能性矩阵

威胁发生频率（T） 脆弱性严重程度（V）	1	2	3	4	5
1	2	4	7	11	14
2	3	6	10	13	17
3	5	9	12	16	20
4	7	11	14	18	22
5	8	12	17	20	25

因为 T_1=1，V_1=2，所以安全事件的可能性为 3，根据安全事件可能性等级划分，如下表 3-32 所示，安全事件发生的可能性等级为 1。

表 3-32　安全事件可能性等级划分

安全事件发生可能性	1～5	6～11	12～16	17～21	22～25
发生可能性等级	1	2	3	4	5

1. 计算安全事件损失

构建安全事件发生损失矩阵，如表 3-33 所示。

表 3-33　安全事件发生损失矩阵

脆弱性严重程度（V）＼资产价值（A）	1	2	3	4	5
1	2	4	6	10	13
2	3	5	9	12	16
3	4	7	11	15	20
4	5	8	14	19	22
5	6	10	16	21	25

因为 A_1=4，V_1=2，所以安全事件损失值为 12，根据安全事件损失等级划分，见表 3-34，安全事件造成的损失等级为 3。

表 3-34　安全事件损失等级划分

安全事件损失值	1～5	6～10	11～15	16～20	21～25
安全事件损失等级	1	2	3	4	5

2. 计算风险值

构造风险矩阵，如表 3-35 所示。

表 3-35　风险矩阵

可能性＼损失等级	1	2	3	4	5
1	3	6	9	12	16
2	5	8	11	15	18
3	6	9	13	17	21
4	7	11	16	20	23
5	9	14	20	23	25

安全事件发生的可能性等级为 1，安全事件损失等级为 3，因此安全事件风险值为 9。

3.3.2.4　相乘法计算风险

相乘法主要用于需要对两个要素值确定的另一个要素值进行计算的情形，即函数 $z=f(x,y)$，函数 f 可以使用直接相乘法计算，$z=f(x,y)$，如 $z=x\times y$，或 $z=\sqrt{x\times y}$ 等。

示例：假设有 2 个重要资产，资产 A_1 和资产 A_2，资产所面临的威胁及威胁可利用资产的脆弱性见表 3-36 所示，括号内是其等级值。

表 3-36　资产、威胁、脆弱性表

资产	威胁	脆弱性
资产 A_1（4）	威胁 T_1（1）	脆弱性 V_1（3）
	威胁 T_2（5）	脆弱性 V_2（1）
		脆弱性 V_3（5）
	威胁 T_3（4）	脆弱性 V_4（4）
资产 A_2（5）	威胁 T_4（3）	脆弱性 V_5（4）
	威胁 T_5（4）	脆弱性 V_6（3）

使用相乘法，计算资产的风险值。首先计算 A_1 的风险值。资产 A_1 面临的威胁有 T_1、T_2、T_3，，T_1 可以利用的资产 A_1 存在的脆弱性有 1 个，即 V_1、T_2 可以利用的资产 A_2 存在的脆弱性有 2 个，即 V_2、V_3，T_3 可以利用的资产 A_1 存在的脆弱性有 1 个，即 V_4，因此资产 A_1 存在的风险值有 4 个。下面计算资产 A_1 面临的威胁 T_1，可以利用脆弱性 V_1 的风险值。其中计算公式使用 $z = x \times y$。

1. 计算安全事件发生的可能性

$T_1 = 1$，$V_1 = 3$，安全事件发生的可能性 $= 1 \times 3 = 3$。

2. 计算安全事件的损失

$A_1=4$，$V_1=3$，安全事件的损失 $= 4 \times 3 = 12$。

3. 计算风险值

安全事件风险值 $= 3 \times 12 = 36$。

3.4　风险评价阶段

在风险管理领域风险评价被定义为：“将风险分析的结果与风险准则相比较、以决定风险和/或其大小是否可接受或可容忍的过程。”风险评价有助于风险应对决策。

在信息安全中，风险评价具体是指在风险评估过程中对资产、威胁和脆弱性及当前安全措施进行分析评估后，对风险所做的综合分析和评估，将所评估的信息资产的风险与预先给定的准则做比较，或者比较各种风险的分析结果，从而确定风险的等级。风险评价方法是根据组织或信息系统面临的各种风险等级，通过对不同等级的安全风险进行统计、分析，并依据各等级风险所占全部风险的百分比，确定总体风险状况。

具体风险评价参见表 3-37。

表 3-37 安全风险评价表

风险等级	占全部风险百分比（判断条件）	总体风险评价结果		
		高	中	低
很高	≥10%	高		
高	≥30%	高		
中等	≥30%		中	
低				低
很低				低

风险评价利用风险分析过程中所获得的对风险的认识，对未来的行动进行决策。道德、法律、资金以及包括风险偏好在内的因素也是决策的参考信息。

决策包括：

（1）某个风险是否需要应对；

（2）风险的应对优先次序；

（3）是否应开展某项应对活动；

（4）应该采取哪种途径。

在明确环境信息时，需要制定的决策的性质以及决策所依据的准则都已得到确定。但是在风险评价阶段，需要对以上问题进行更深入的分析，毕竟此时对于已识别的具体风险有了更为全面的了解。如果该风险是新识别的风险，则应当制定相应的风险准则，以便评价该风险。

按前面给定的风险准则，举一个实例来详细说明风险评价。表 3-38 是某省工业通信业节能监察中心业务系统的风险分析部分结果表（采用 3.3.2.3 节矩阵法）。

表 3-38 风险分析实例

资产	威胁	威胁频率	脆弱性	严重程度	安全事件可能性	可能性等级	安全事件损失	损失等级	风险值	风险等级
核心交换机（5）	未授权访问	3	未启用 VTY ACL	5	17	4	25	5	23	5
	误操作	2	没有指定日志服务器	3	9	2	20	4	15	3
	软件故障	1			5	1	20	4	12	3
	设备故障	1			5	1	20	4	12	3
	误操作	2	未指定时间服务器	3	9	2	20	4	15	3
	软件故障	1			5	1	20	4	12	3

（续表）

资产	威胁	威胁频率	脆弱性	严重程度	安全事件可能性	可能性等级	安全事件损失	损失等级	风险值	风险等级
核心交换机（5）	设备故障	1	没有设置日志缓存	3	5	1	20	4	12	3
	误操作	2			9	2	20	4	15	3
	未授权访问	3	网络安全策略不当	4	14	3	22	5	21	5
	误操作	2			11	2	22	5	18	4
	未授权访问	3	交换机没有配置用户权限	2	10	2	16	4	15	3
	滥用权限	3		2	10	2	16	4	15	3
	利用漏洞实施网络攻击	2	没有使用 AAA 认证	2	6	2	16	4	15	3
	未授权访问	3	防火墙策略没有严格限制通信的 IP 地址、协议和端口	5	17	4	25	5	23	5
	利用漏洞实施网络攻击	2	防火墙策略变更没有审批流程	4	11	2	22	5	18	4
防火墙（5）	误操作	2	开启了不安全的 Telnet 服务	3	9	2	20	4	15	3
	滥用权限	2			9	2	20	4	15	3
	未授权访问	3	VTY 存在弱口令账号	5	17	4	25	5	23	5
	利用漏洞实施网络攻击	2			12	3	25	5	21	5

（续表）

资产	威胁	威胁频率	脆弱性	严重程度	安全事件可能性	可能性等级	安全事件损失	损失等级	风险值	风险等级
防火墙（5）	未授权访问	2	未启用 VTY ACL	5	12	3	25	5	21	5
	利用漏洞实施网络攻击	3			17	4	25	5	23	5
部门交换机（3）	未授权扫描	1	没有指定日志服务器	3	5	1	11	3	9	2
	未授权访问	2			9	2	11	3	11	3
	误操作	2			9	2	11	3	11	3
	软件故障	2	未指定时间服务器	3	9	2	11	3	11	3
	设备故障	2	没有设置日志缓存	3	9	2	11	3	11	3
	误操作	2			9	2	11	3	11	3
	软件故障	2			9	2	11	3	11	3
	设备故障	2	网络安全策略不当	4	11	2	14	3	11	3
	误操作	2			11	2	14	3	11	3
	软件故障	2			11	2	14	3	11	3
	设备故障	2	未规定 VTY 口登录方式	3	9	2	11	3	11	3
	未授权访问	2			9	2	11	3	11	3
	误操作	2			9	2	11	3	11	3
	未授权访问	2	没有使用 AAA 认证	2	6	2	9	2	8	2
	利用漏洞实施网络攻击	3			10	2	9	2	8	2

表中未授权访问可以利用核心交换机未启用 VTYACL（Virtual Teletype Terminal Access Control List）的特点造成安全事件发生的可能，按风险分析的计算方法计算风险值得此类事件的风险值为 23，查找制定的风险准则可得风险等级为 5。再如未授权访问，利用防火墙策略没有严格限制通信的 IP 地址、协议和端口的特点造成安全事件发生，风险分析后计算风险值得风险值均为 23，与前面制定的风险准则相比较得风险等级为 5。未授权访问和利用漏洞实施网络攻击均可利用部门交换机没有使用 AAA 认证的特点产生安全事件，计算风险值后，得未授权访问、利用漏洞实施网络攻击风险值均为 8，比较风险准则，发现风险等级均为 2。

残余风险评价：对于不可接受范围内的风险，在选择适当的控制措施后，评价残余风险，根据风险评估的准则，由管理层判定风险是否已经降低到可接受的水平，考虑选择的控制措施和已有的控制措施对于降低威胁发生的可能性的作用。在选择了适当的控制措施后，某些风险可能仍处于不可接受的风险范围内，由管理层做出决定，选择接受该风险或者增加控制措施。为确保所选择控制措施的有效性，可在必要时进行再评估，以判断实施控制措施后的残余风险是否可被接受。

3.5 风险评估的报告

在对风险进行确定后，应给出风险评估的报告。

风险评估报告是风险评价工作的重要内容，是对整个风险评估过程和结果的总结。同时，风险评估报告可作为组织从事其他信息安全管理工作的重要参考内容，如信息安全检查、信息系统等级保护测评、信息安全建设等。

风险评估报告中主要包含以下文档。

信息系统的描述。

准备阶段综述。

资产识别分析：根据组织在风险评估程序文件中确定的资产分类方法对资产进行识别，给出资产的价值。

威胁识别分析：根据威胁识别和赋值结果，形成威胁列表，包括威胁的名称、类型、严重程度、描述等。

脆弱性识别分析：根据威胁识别和赋值结果，形成威胁列表，包括威胁的名称、类型、严重程度、描述等。

安全措施识别分析：根据已有安全措施的确认结果，形成已有安全措施确认表，包括安全措施的名称、类型、功能描述、实施效果等。

风险计算：给出风险的计算过程和结果。

风险控制：说明需要控制的风险以及控制措施。

总结：对本次评估进行总结。

表 3-39 给出了一个信息安全风险评估报告的模板。

表 3-39　信息安全风险评估报告模板

封皮：　　××系统信息安全风险评估报告
被评估系统： 评估类别： 负责人： 评估时间：
目录
第一章 信息系统的描述
第二章 准备阶段综述
第三章 资产识别分析 根据组织在风险评估程序文件中确定的资产分类方法对资产进行识别，给出资产的价值
第四章 威胁识别分析 根据威胁识别和赋值结果，形成威胁列表，包括威胁的名称、类型、严重程度、描述等
第五章 脆弱性识别分析 根据威胁识别和赋值结果，形成威胁列表，包括威胁的名称、类型、严重程度、描述等
第六章 安全措施识别分析 根据已有安全措施的确认结果，形成已有安全措施确认表，包括安全措施的名称、类型、功能描述、实施效果等
第七章 风险计算 给出风险的计算过程和结果
第八章 风险控制 说明需要控制的风险以及控制措施
第九章 总结 对本次评估进行总结

3.6 风险评估的评审

风险评估过程强调环境因素和那些经过一段时间预计会变化并且可能使风险评估改变或失效的因素。应当识别出这些因素进行持续的监督和检查，以便在必要时更新风险评估的信息。

应当识别和收集为改进风险评估而监测的数据，还应当监测和记录风险控制措施的效果，以便为风险分析提供数据。应当明确证据、文件的建立和检查的责任。

组织应对风险评估的评审确定监督和检查的责任，定期进行评审。

在对风险评估进行评审时，应确认以下内容：

1. 有关风险的假定是否仍然有效

这里主要指对风险本身的认识，如风险所具有的“不确定性”的程度。

2. 风险评估所依据的假定，包括内、外部环境，是否仍然有效

组织通常是基于一些“假定”的基础上进行风险评估。如作为风险评估中最重要的“风险准则”，大多有“假定”的成分。当在对风险评估进行评审时，应对这些假定进行“确认”。

3. 风险评估的结果是否符合实际经验

如果有可借鉴的“实际经验”，可将风险评估的结果与其比较。如对作为风险评估重要结果的“基于风险带下的风险图谱”，如果有同行业的“实际经验”可用于比较，则“确认”其“符合”性是重要的一项工作。

4. 风险评估技术是否被正确地使用

在风险评估过程中使用了一些风险评估的技术方法，在对风险评估进行评审时，应“确认”这些技术方法被正确地使用，特别应关注一些技术方法所使用的前提条件。

5. 风险应对是否有效

风险评估为风险应对的决策起“协助作用”。因此，可从“风险应对是否有效”的角度来评审已实施的风险评估。

6. 是否正在实现预期结果

本条指在风险评估过程中的“评审”。“确认”风险评估过程中的三个子过程是否在正确地运行、是否可以“实现预期的结果”。

第4章　信息安全风险处置

风险处置是将风险评估得到的各个安全等级的风险控制到可接受或可容忍的范围内而采取的一系列的计划和方法。

4.1　风险处置过程框架

风险处置的一般过程如图 4-1 所示。

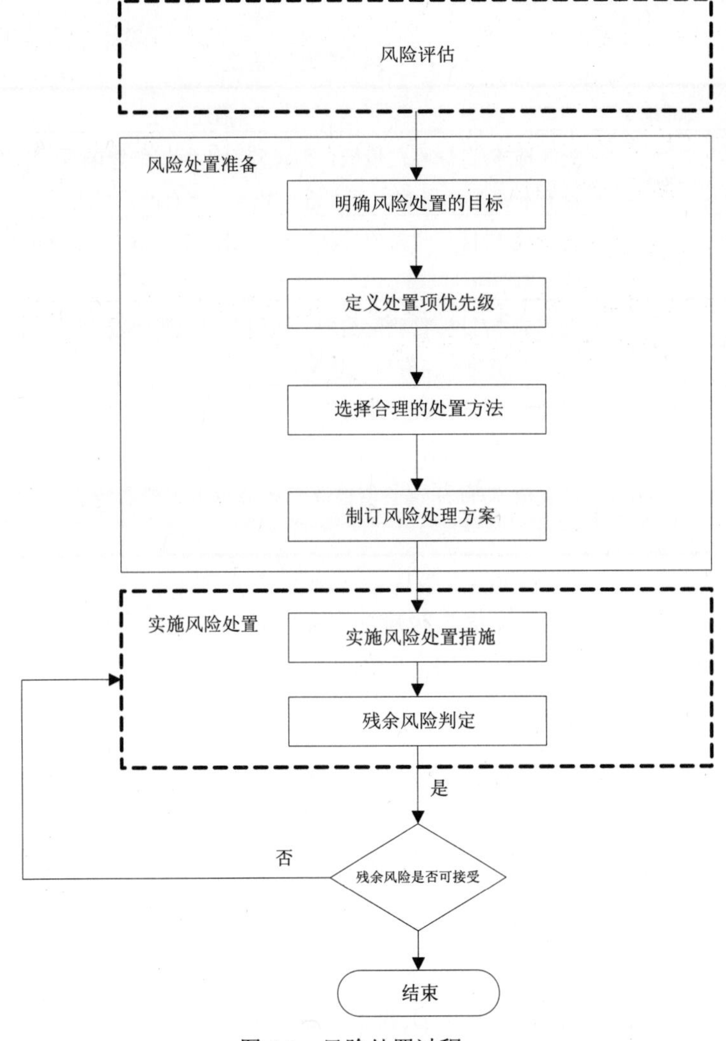

图 4-1　风险处置过程

1. 明确风险处置的目标

要想对风险实施有效的控制和妥善的处理，那么在风险处理之前，需要根据风险评估结果的实际情况，确定一个合适的风险处置目标，以此来为风险处置提供一个好的指引和向导。风险处置的基本目标是以最小的处置成本获得最大的收益，以避免风险可能带来的损失和不利影响，所以在确定具体的风险处理目标之前，需要进行成本收益的核算，只有依据分析和权衡核算的结果而确定的目标才是科学的、可行的。

2. 制订风险处置计划并定义各处置项的优先级

当要着手进行风险处置的时候，应首先明确各个待处置的风险项的优先级，然后再制订相应的风险处置计划。各风险处置项的优先级可以综合考虑处置所要耗费的成本、达到处置目标后的收益和此风险潜在的影响程度等因素来确定处置项的优先级，表 4-1 提供一个风险等级赋值方式供参考。

表 4-1　风险等级的确定

等级赋值	标识	描述
5	很高	处置成本/目标收益值低，而风险对于组织的影响重大，对组织的根本利益有着决定性影响，若不进行处置，将有严重损失
4	较高	处置成本/目标收益值较低，风险对组织影响大，对组织的利益有着重大的影响
3	中等	处置成本/目标收益值适中，风险对组织影响较大，若不进行处置，风险将对组织的利益有较大影响
2	较低	处置成本/目标收益值较高，风险对组织有一定的影响，若不处置，对组织的利益有轻微的影响
1	很低	处置成本/目标收益值很高，风险对组织的影响不是太明显，可以考虑忽略

在对风险处理的工作进行完优先级排序之后，对于优先级高的处置项应该优先处理，如优先处理风险等级赋值为“5”“4”的处置项。

3. 确定风险安全处置的依据和方法

在对风险进行了衡量、评估以后，可以根据风险评估的结果，确定风险安全处置的依据和方法。具体的依据和方法，组织应综合实际的业务需求、所确定的风险处置目标以及相应的风险等级来制定。

4. 制订风险处置方案

风险处置是风险管理中的一个重要环节，每个风险的处置都应是严谨而有条理的，在进行正式的风险处置之前，相关组织和人员最好制订一个详细的风险处理方案，以便在处理过程中提供参考和凭证。

风险处置方案应该至少包括以下内容：

（1）风险的处置项和具体内容；

（2）负责处置的团队和人员；

（3）工作计划；

（4）时间进度安排；

（5）预期结果和意外状况处理方案。

5. 实施风险处置方案并检测结果

在风险处置过程框架中，最为关键的步骤便是实施风险处置。负责实施的人员应严格依据所制订的风险处置方案实施风险处置过程，并对残余风险进行评估和判断。当进行处置过后，若残余风险已经处于组织可以接受或者容忍的范围之内，则处置过程结束；若残余风险依然对组织有较大的威胁，则进行循环处置，直到残余风险接近可接受和容忍的范围。

4.2 风险处置方法

风险处置的手段和方法主要分为两大类，即控制方法和财务方法。控制方法主要的目标是致力于消除、回避和减少风险发生的机会，限制风险损失的扩大，在最大程度上降低风险带来的损失，控制方法里包含风险规避、风险预防、风险分散和风险降低等处置措施，而财务方法的侧重点则在于事先做好风险处置方面的成本规划，力图通过财务安排来降低风险处理所要耗费的成本，财务方法包含的处置措施有风险接受和风险转移（保险转移和非保险转移）。

在信息安全领域，比较典型的风险处置措施有风险规避、风险转移、风险减低和风险接受四类。如图 4-2 所示。

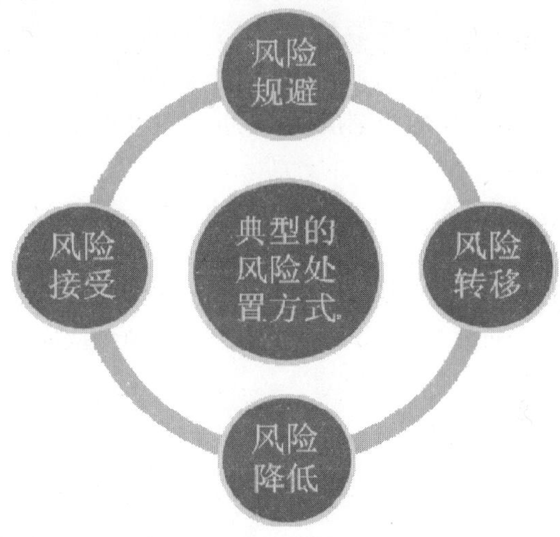

图 4-2　几种典型的风险处置方式

1. 风险规避

风险规避是风险应对的一种重要措施，是指通过变更原有的计划来消除风险或者风险发生的条件，从而避免目标遭受风险的影响。但是，风险规避并不意味着风险完全消除，而是规避了风险可能给目标造成的损失，一方面降低损失发生的概率，另一个方面降低损失的程度。例如，假设所识别的风险太高，或者实施控制处置风险的成本已经超过了收益，即成本/收益值较高，则可做出完全规避风险的决策，取消计划的或现有的活动，以此规避潜在的或不确定的损失，当然也放弃了获利的机会。

2. 风险转移

风险转移是对风险最为实际而有效的应对方式，指的是将面临的资产或价值通过合同或者非合同的方式转嫁给另一个人或单位的一种风险处理方式。风险转移可以将风险可能造成的损失进行部分或完全转移。

一般地，风险转移方式可以分成保险转移与非保险转移两种类型。保险转移是指当个体或者组织在遇到风险之前，通过向保险人或者保险公司缴纳一定的保险费，而将风险转移至第三方的一种行为。纳入保险时，双方会签订一个保险合同，当风险发生且造成了一定的损失时，个人或组织可以根据所签订的合同中的规定向保险公司索要保险人职责范围内的经济赔偿。而非保险转移指的就是采用签订经济合同的形式，将预期风险或风险有关的财务结果转移给别人。在经济生活中，常见的非保险风险转移有租赁、互助保证、基金制度等。例如在本组织不具备足够的安全保障的技术能力的时候，将信息系统的技术体系外包给第三方机构（如保险公司），从而避免技术风险。

3. 风险降低

当风险无法完全规避时，风险降低无疑是一种很好的选择。风险降低是指通过一系列的保护措施来降低风险。例如可以采取法律的手段对一些计算机犯罪予以法律制裁。计算机犯罪的范畴包括盗取机密信息，攻击关键的信息系统基础设施，传播病毒、不健康信息和垃圾邮件等。另一方面可采取的措施有：及时给系统的安全漏洞打补丁、关闭无用的网络服务端口，减少系统的脆弱性、采用各种防护措施、建立资产的安全域、加强备份容灾等。然而在选择和实施控制措施时，应该考虑多种约束条件，如：

（1）时间约束；
（2）财务约束；
（3）技术约束；
（4）运行约束；
（5）文化约束；
（6）道德约束；
（7）环境约束；
（8）法律约束；
（9）易用性约束；
（10）人员约束；
（11）整合新建和现有控制措施的约束。

4. 风险接受

风险接受，是指组织自己承担风险造成的损失。在风险明显满足组织方针策略和接受风险准则的条件下，或者处置该风险所耗费的成本远远大于收益的时候，风险接受不失为一种合理的选择。

风险接受又分为主动接受风险和被动接受风险两种。被动接受风险是在没有识别面临的种种风险，或即使有所察觉但是没能采取措施而被动接受损失后果，主动接受风险是指在已经识别种种风险的基础上，有意识、有计划地采取方案接受应对风险带来的损失。是否选择接受风险要考虑两个方面的因素：风险发生的频率和风险的损失程度。

4.3 风险处置措施选择与实施

4.3.1 选择风险处置方法

对于不同的风险都会有一个最为合适的处置方式，所以应该根据已经制定的风险准则选择合适的风险处置方式。风险处置的基本原则是适度接受风险，根据组织可接受的处置成本将残余安全风险控制在可以接受的范围内。

首先，风险处置依据风险评估结果，针对风险分析阶段输出的风险评估报告进行风险处置。其次，依据国家、行业主管部门发布的信息安全建设要求进行的风险处置，应严格执行相关规定。如依据等级保护相关要求实施的安全风险加固工作，应满足等级保护相应等级的安全技术和管理要求；对于因不能够满足该等级安全要求产生的风险则不能够适用适度接受风险的原则。对于有着行业主管部门特殊安全要求的风险处置工作，同样不适用该原则。

4.3.2 准备和实施风险处置计划

在进行具体的风险处置之前都需要根据组织实际的情况制订相应合理的风险处置计划，包括风险类别、风险二级分类、风险描述、处置方式的选择、处置措施的描述、紧急程度、预计完成时间、估算投入的成本以及相关责任人等信息。表4-2是某公司的安全处置计划表，仅供参考。

表4-2 风险处置计划

风险类别	风险二级分类	风险描述	处理方式	处理措施	紧急程度	完成时间	投入资源	责任人
人员管理	安全意识与培养	由于员工缺乏安全意识，用户可能将账号主动借予他人使用或遭受社会工程攻击，或使用弱口令或随意共享等，从而导致非授权访问的风险	降低	管理： 《信息安全培训指南》《员工安全行为规范》 技术： 启用AD域的安全管理功能，制定锁屏策略、口令策略及禁止共享策略	中	长期	全体员工每2个月投入1小时	人力资源部

（续表）

风险类别	风险二级分类	风险描述	处理方式	处理措施	紧急程度	完成时间	投入资源	责任人
人员管理	人员管理	由于缺乏对员工的管理，员工在入职时未进行背景检查，在转岗与离岗时，未有效地回收信息资产，存在非授权访问的泄露风险	降低	管理： 《人力资源管理过程》 《信息安全违规罚则》	中	2013-8-8前	人员：30个工时	人力资源部
访问控制	账户与口令管理	由于缺乏账户与口令的管理，用户可使用弱口令，存在扫描弱口令访问敏感信息的风险	降低	管理： 《访问控制方针》 《账号与口令管理过程》 技术： 启用AD域的安全管理功能，制定口令策略	高	2013-8-8前	投入8小时建立系统账户权限清单	信息安全部
	权限管理	用户权限无法进行审计，无法了解使用哪些应用，享有哪些权限，因而无法及时移除；没有规范与监控管理员行为、操作员行为，这些特权人员可能利用自己的权限来非授权访问敏感信息	降低	管理： 《权限管理规定》	中	2013-8-8前	人员：12个工时	信息安全部
	移动介质	用户使用移动介质，可以在瞬间将公司全部核心资料带出，也可能因为使用移动介质而传播病毒	规避	管理： 《介质安全管理规定》 技术： 采用 LANDESK 以避免用户对移动介质的使用	高	2013-12-10前	人员：104个工时 成本：40万左右	信息安全部
	信息交换	由于没有规定用户对信息的交换，存在用户通过公司无法监控与管控的方式将敏感信息泄露出去，还有可能感染病毒的风险	降低与规避	管理： 《访问控制与信息交换》 技术： 通过 WEBCENSE 管控用户的信息交换的行为	高	2013-12-1前	人员：128个工时 成本：15万左右	信息安全部
物理安全	物理环境	由于缺乏对物理区域的管控，还存在尾随现象，水、火等安全隐患，或环境等方面的安全隐患及进入办公区域可访问敏感信息的风险	降低	管理： 《物理环境安全管理规定》	中	2013-8-8前	人员：12个工时	总务部
设备管理	设备管理	由于缺乏对设备的管理，设备无法进行安全送修与报废，也无法预知设备可能要发生的故障，对用户的软件使用行为也无法预知，可能导致法律上的风险	降低	管理： 《IT资源管理过程》 《信息资产管理过程》 《IT变更管理》 《设备维护管理过程》 技术： 采用 LANDESK 来对全员的 IT 资产进行管理	中	2013-12-10前	人员：48个工时+第五项已覆盖，不计算	综合管理部

（续表）

风险类别	风险二级分类	风险描述	处理方式	处理措施	紧急程度	完成时间	投入资源	责任人
设备管理	软件管理	由于缺乏对软件使用的管理，存在用户任意下载安全软件的行为，有可能因使用盗版而导致法律风险，也有可能感染病毒	降低	管理： 《软件使用管理过程》 《法律符合性评估过程》 技术： 通过 LANDESK 管控用户对软件的使用 通过 WEBCENSE 管控用户下载行为	中	2013-8-8前	人员：24个工时+第五项与第六项已覆盖，不计算	综合管理部
	笔记本电脑	笔记本电脑由于其便携性，在出差或回家携带过程中，容易丢失或从外网感染病毒或随便接入网络造成信息泄露	降低	管理： 《移动计算与远程办公管理规定》 技术： 通过 MACFEE ENDPOINT 来对笔记本电脑进行加密	低	2013-12-30前	人员：90个工时 成本：13万左右	综合管理部
系统监控	容量与监控管理	缺乏对容量与网络的监控，无法及时发现网络中的异常情况，也无法准确及时进行定位，当风险发生时，无法及时隔离威胁源	降低	技术： 通过 NTOP 与 ZENOSS 加强对网络流量、网络异常的监控	低	2013-12-30前	人员：48个工时	信息安全部
恶意软件	弱点管理	由于目前采用推送方式来升级补丁与病毒，存在用户关机或出差时无法升级的情况，也存在未加入AD域中的用户无法及时升级的情况	降低	管理： 《防病毒管理策略》 技术： 通过 LANDESK 的补丁管理，采用主动推送的方式来加强补丁升级管理	高	2013-12-10前	人员：12个工时 成本：第五项已覆盖，不计算	信息安全部
业务连续性管理	数据备份	由于缺乏数据管理，当灾难发生时，业务数据将无法恢复，业务将中断	降低	管理： 《数据备份与恢复过程》 技术： 建立 DPM 2007 和 EMC Elega 数据备份系统，对核心交换机\防火墙\路由器实施冗余冷备份	高	2013-11-30前	人员：312个工时 成本：80万左右	信息安全部
	系统冗余	由于系统可用性要求很高，而实际使用的系统在技术上有很多弱点，当系统因某些原因中断时，因没有热备而导致服务中断，从而导致业务中断	降低	技术： 对邮件系统进行升级，解决原有邮件系统技术弱点问题，完成当前邮件系统 Mdemon 向 Exchange Server 2007 迁移，并对邮件实施双系统热备。 Internet 带宽容量不足，应扩容处理。	中	2013-11-30前	人员：174个工时 成本：120万左右	信息安全部
	应急管理	由于缺乏应急计划，当灾难或中断发生时，无法通过快速的方式恢复系统，无法将中断造成的损失降低到最低	降低	管理： 《应急响应计划》	高	2013-8-30前	人员：24个工时	信息安全部

（续表）

风险类别	风险二级分类	风险描述	处理方式	处理措施	紧急程度	完成时间	投入资源	责任人
业务连续性管理	业务连续性管理	由于缺乏业务连续性计划，当灾难发生时，企业无法让业务持续运营，无法在一定期限内恢复业务	降低	管理： 《业务连续性管理过程》 《业务连续性计划与灾难恢复计划》	中	2013-9-15前	人员：60个工时	信息安全部
体系/流程/合规性	操作手册	由于缺乏应用系统的操作手册，新接替员工将无法执行公司统一配置，其配置可能与公司安全策略不符	降低	管理： 《ISMS 方针》 《信息安全组织管理方针》 《风险管理过程》 《风险评估指南》 《有效性测量程序》 《内审与管理评审过程》 《纠正预防措施管理程序》 编写应用系统操作、配置及变更管理指南	中	2013-8-30前	人员：192个工时	各部门主管
	变更管理	由于缺乏变更管理，无法预知变更时的风险和对业务与系统的影响，更没有制订变更计划，当变更失败时，可能影响业务的正常开展	降低	管理： 《IT 变更管理过程》	低	2013-8-8前	人员：12个工时	信息安全部
第三方管理	第三方管理	由于缺乏对第三方的管理，第三方可能接入公司网络扫描敏感信息，并可能传染病毒	降低	管理： 《第三方与协力员工管理过程》 签订必要的《第三方协议》 技术： 通过划分 VLAN，对第三方进行区域隔离，通过 LANDESK 的准入控制功能管控第三方的接入	中	2013-12-10前	人员：12个工时，其余在网络安全里计算	总务与信息安全部
网络安全管理	网络安全	缺乏对网络的安全管理，黑客可以入侵，内网可以相互访问，可以将其他部门敏感信息泄露，也可能感染病毒导致全网爆发，无法发现威胁源来自内部还是外部等，带宽容量不够，网速慢，影响业务正常开展	降低	管理： 《网络设备与服务器环境设定基线》 《服务器日常操作维护管理过程》 技术： 划分 VLAN，加强区域前的隔离，通过区域划分来严格限制对网络的访问控制 增加 IDS 设备，对网络通信进行检测；加强对外部用户的访问的认证，采用 HP-SSO 与 U-Key 方式进行验证	高	2013-12-8前	人员：260个工时 成本：80万左右	信息安全部

（续表）

风险类别	风险二级分类	风险描述	处理方式	处理措施	紧急程度	完成时间	投入资源	责任人
网络安全管理	上网安全	缺乏对员工上网行为进行管控，员工可能会将敏感信息通过网络传输出去，也可能感染病毒导致全网不可用，更可能大量下载，占用网络带宽	降低+规避	管理： 《员工设备使用指南》 技术： 部署 Websense 上网行为管控系统以及 VNC 远程上网方式	高	2013-11-30前	人员：12个工时，其余成本第六项中已覆盖	信息安全部
软件开发	软件开发	在“编程规约”中未涉及安全编码规范；某些项目中已应用安全架构设计的技术，但未在公司范围内推广，缺乏安全编码规范可能会导致软件产品质量下降，产品可能不安全	降低	管理： 《安全需求分析与管理规范》 《软件开发变更管理规范》 《软件开发配置管理规范》 《系统开发与维护过程》 《加密控制指南》 《密钥管理指南》	低	2013-8-8前	人员：72个工时	质量管理部

4.4 风险处置的监视与评审

4.4.1 风险处置有效性的监视与评审的必要性

风险处置的监视和评审是贯穿于整个风险处置过程框架的一个关键性环节，监督主要是对风险处置的效果以及所耗费的成本进行管理和跟踪，其目的在于保证处置过程的有效性和成本的有效性。评审则是不断地对处置对象进行跟踪和评价，查看处置后的对象是否满足某些风险接受的准则，并根据评审后的结果采取相应的应对措施。

监督和评审可以及时发现信息安全问题，预测信息安全的发展趋势，并通过及时的措施进行控制和纠正，减少不必要的损失，保障信息安全风险处置过程的持续有效。

4.4.2 风险处置有效性的监督与评审示意图（如图 4-3 所示）

风险处置阶段应根据风险评估的结果，并结合组织的具体情况，确定合理的处置目标，选择恰当的风险处置方式和风险控制措施，制订风险处置方案并加以实施。在风险处置阶段的监督和评审主要包括以下几个方面。

（1）对风险处置需求和目标的监督和评审，包括分析风险处置需求，确定风险处置目标，有效执行确定的流程及文档，评审风险处置需求分析和风险处置目标的成本和效果是否合理，评审风险处置需求分析和风险处置目标是否有效并持续更新。

（2）对处置措施选择的监督和评审，包括对风险处置方式和监控措施选择流程的有效执行的评审，处置方式和处置措施选择方法的持续更新，以及处置方式和处置措施的效果和成本合理性评审。

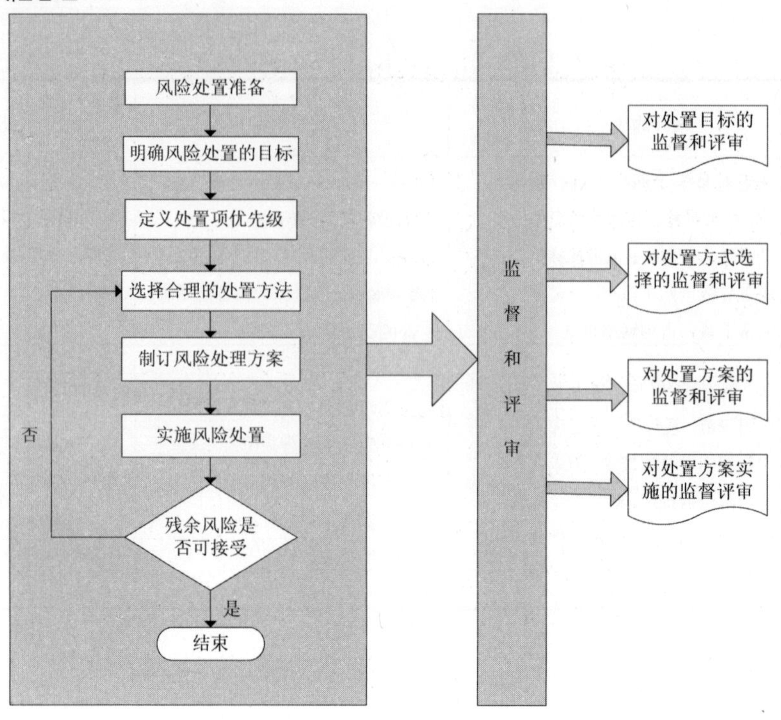

图 4-3　风险处置的流程和评审示意图

（3）对处置方案实施的监督和评审，包括对风险处置实施方案的制订和风险处置措施实施的有效执行，风险处置实施计划和风险处置措施的实施效果和成本，以及风险处置措施的实施更新。

4.4.3　风险处置有效性的监督与评审的原则

风险处置的监督和评审的总体目标是让风险处置整个过程框架持续有效，并将成本控制在合理的范围内。而监督和评审应当遵循全面性、重要性、独立性、多角度和及时性等原则。

（1）全面性原则。监督和评审风险处置活动的全过程，应确立相关的监督和评审指标，并且监督和评审指标应系统、全面。

（2）重要性原则。应根据风险和控制的重要性确定评审重点，关注重要领域和高风险业务，并在评估的权重上加以体现。

（3）独立性原则。承担风险处置过程监督和评审工作的相关机构和部门应当独立于业务部门。

（4）多角度原则。监督和评审工作应当从多角度开展，对发现的不符合监督和评审的指标的区域要重点分析和评估。

（5）及时性原则。监督和评审频率应在满足监管要求的前提下，根据实际情况适时调整，及时发现不符合相关准则的风险和隐患，发现不合规风险和隐患之后要及时采取应对措施。

4.5 典型的风险处置措施

不同的风险控制需求，会有不一样的风险处置措施，组织应根据自身的实际情况，确定合适的风险控制目标，制订合理的风险处置方案，并选择适当的风险处置措施（如表4-3所示）。这里主要从策略、管理、防护、检测、响应和恢复六个方面给出一些典型的风险处置措施。

表4-3 典型的风险处置措施

分类	风险处置需求	风险处置措施
策略	信息安全总体目标	明确信息安全的总体目标，并且获得高层领导者的认可和支持
	信息安全方针	
	信息安全组织结构及职责	
管理	系统安全管理守则	建立和规范信息安全的规章制度和操作守则，且严格按照相关的制度和规范执行各项管理措施
	网络安全管理守则	
	应用安全管理守则	
	机房出入守则	
	设备管理制度	
	人员管理规定	
	办公环境管理规范	
	应急响应计划	
	安全事件处理准则	
	业务连续性管理程序	
保护	机房	参照一定的要求和标准建设和维护计算机机房
	电磁屏蔽	适当的设置抗电磁干扰和防电磁泄漏的设施
	病毒防杀	部署病毒扫描系统
	漏洞评估	及时对漏洞进行评估，并安装最新的补丁模块
	安全配置	完善系统各个部分的配置，防止因配置而产生不必要的漏洞
	身份认证	视安全强度的不同，采取不同的技术进行身份认证，如数字钥匙、数字证书、生物识别、双因子等
	访问控制	视安全强度的不同，对设备、用户等主体访问课题的权限进行控制
	数据加密	视安全强度的不同，可采取自主型、强制型等级别的数据加密系统对传输数据和存储数据进行加密
	边界控制	布置防火墙和防毒墙，防止外界的恶意非法访问

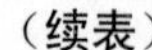

（续表）

分类	风险处置需求	风险处置措施
检测	数据校验	校验数据是否发生篡改
	主机入侵检测	部署主机入侵检测系统
	主机状态检测	部署主机状态检测系统
	网络入侵检测	部署网络入侵检测系统
	网络状态检测	部署网络状态检测系统
响应	负载平衡	平衡系统的负载
	日志分析	定时对系统日志进行分析和处理
	应急响应	制订应急计划，并按应急计划处理应急事件
	安全事件处理	对发生的安全事件，及时采取应对方案进行应对和处理
恢复	系统备份和恢复	对于重要的系统设置备份恢复系统
	数据备份和恢复	将重要的数据设置备份恢复系统
	设施备份和恢复	对于关键设施配置备份恢复系统
	应用备份和恢复	对于关键应用，配备应用备份恢复系统

第5章　信息安全风险管理案例

5.1　案例说明

5.1.1　案例背景

本章以某商业金融公司——RY公司信息系统为例，详细介绍信息安全风险管理的实施过程。

RY公司是一家从事金融业交易的公司，其信息系统为用户提供账户信息查询、转账汇款、账户挂失、操作日志查询信用卡、理财、缴费、生活应用等功能。按照国家主管、监管部门文件的规定与要求，根据公司业务系统发展需求，RY公司希望建立实施信息安全风险管理，通过该项目的实施，查找信息系统存在的安全漏洞及隐患，全面揭示组织面临的风险，并通过风险处理等活动将风险控制在可接受范围内，实现既定的信息安全目标，从而为业务运行连续性提供有效保障。

5.1.2　实施思路

总体上来说，RY公司应当按照建立风险框架、实施风险管理、检测与评审、持续改进的方式来建立和实施其管理体系。实施信息安全风险管理应是一个长期的、周期性执行且螺旋式上升的过程，这使得受保护系统在自身和环境的变化中能够不断应对新的安全需求和风险。为便于描述，本章以对RY公司“手机交易系统”实施一次风险管理过程为例，简要介绍实施风险管理过程中确定范畴、评估准备、风险识别、风险评估与评价、风险处置和批准监督等几个步骤的工作内容。

5.2　确定范畴

1. 工作目标

确定范畴是信息安全风险管理的第一步，目的是为了明确信息安全风险管理的范围和对象，以及对象的特性和安全要求。

2. 实施方式

确定范畴阶段主要是组建工作团队、制订工作计划，进而通过采用调研和访谈的方式进行工作，调研对象包括公司高层、中间管理层及相关的技术和后勤保障人员，调研可通过提问和填写调查问卷的方式进行。

3. 预期成果

本阶段的预期成果包括：

（1）形成《风险管理计划书》，描述包括信息安全风险管理范围、目标以及组织方式等内容；

（2）形成《信息系统描述报告》，描述信息系统的业务目标、业务特性、体系结构、管理特性和技术特性。

5.2.1 确定信息安全风险管理的范围

经 RY 公司管理层评估，确定本次风险管理实施对象为公司的“手机交易系统”，该系统服务器部署位置在公司机房，应用系统的主要功能包括账户信息查询、转账汇款、账户挂失、操作日志查询信用卡、理财、缴费、生活应用等。本次风险管理拟从服务端和客户端两端进行，包括物理安全、网络安全、系统安全、应用安全、数据安全、管理安全和客户端安全等不同层面。

5.2.2 确定信息安全风险管理的目标

经 RY 公司管理层同意，本次风险管理的目标是：依照银监会、人民银行相关安全指引的要求并参照相关国家标准，对其“手机交易系统”进行风险评估，了解信息系统的安全状态，分析系统面临的风险，验证系统已有安全措施的有效性，评估系统风险状况级别，实施有效的风险处置，从而确保信息系统安全、可靠的运行，进而为规划信息安全保障工作者提供决策依据，保障信息化建设成果。

本次风险管理参考了相关的国家标准、行业规范和国际标准，简要罗列如表 5-1 所示。

表 5-1　参考的相关标准规范

类型	编号	标准规范名称
国家标准	GB/T 24353—2009	风险管理 原则与实施指南
	GB/T 23694—2013	风险管理 术语
	GB/T 22080—2008	信息技术 安全技术 信息安全管理体系要求
	GB/T 22081—2008	信息技术 安全技术 信息安全管理实用规则
	GB/Z 24364—2009	信息安全技术 信息安全风险管理指南
	GB/T 20984—2007	信息安全技术 信息安全风险评估规范
	GB/T 20983—2007	信息安全技术 网上银行系统信息安全保障评估准则
	GB/T 20269—2006	信息安全技术 信息系统安全管理要求
	…	
行业要求	银监发〔2006〕5 号	电子银行业务管理办法
	银监发〔2006〕9 号	电子银行安全评估指引
	银监发〔2007〕42 号	商业银行操作风险管理指引

（续表）

类型	编号	标准规范名称
行业要求	银监发〔2007〕6号	商业银行内部控制指引
	银监发〔2009〕19号	商业银行信息科技风险管理指引
	银监办便函〔2011〕549 号	网上银行安全风险管理指引（征求意见稿）
	JRT 0068—2012	网上银行系统信息安全通用规范
		…
国际标准	ISO 31000：2009	风险管理 原则与指南
	ISO 31010：2009	风险管理 风险评估技术
	ISO/IEC 27001：2013	信息技术 安全技术 信息安全管理体系要求
	ISO/IEC 27002：2013	信息技术 安全技术 信息安全控制实用规则
	ISO/IEC 27005：2011	信息技术 安全技术 信息安全风险管理
		…

5.2.3 组建适当的评估管理与实施团队

针对本次风险管理任务，RY 公司组建任务实施团队，包括决策组、专家组、任务组、保障组等多个工作小组，分别由该公司高层领导和中间管理层、风险管理专家、技术实施人员，以及各相关部门人员组成，同时明确规定每个小组的任务分工。

5.2.4 描述信息系统基本情况

实施团队经过调查和访谈，了解 RY 公司基本情况如下：RY 公司是经该行业主管部门批准成立，是全国首批城市合作银行试点之一，目前其“手机交易系统”用户注册方式分为柜台签约及自助注册两种方式，办理成功后即可通过手机客户端完成多种金融和理财等业务功能。

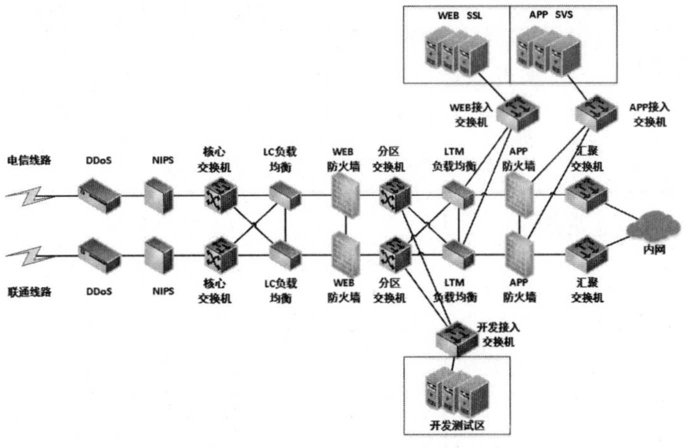

图 5-1 手机交易系统服务器端网络拓扑图

“手机交易系统”分服务器端和客户端两部分，其中客户端为软件形式安装在用户手机上，服务器端则部署在RY公司大楼二层机房，用户在手机上执行手机程序通过互联网访问位于服务器上的应用系统。服务器端的网络拓扑按照层次化结构建设，划分为互联网接入区、WEB服务器区、APP服务区等多个区域，网络拓扑如图5-1所示。

实施团队在对“手机交易系统”进行调研时，按照物理层面、网络层面、系统层面、应用层面、数据安全和管理层面等多个方面进行，主要调研内容参考表5-2所示编制。

表5-2　信息系统安全现状调研内容

类型	调研内容
物理层面	从环境和设备两个方面了解现有措施和实施情况。其中，环境方面包括机房物理位置、门禁访控、防火、防雷击、防水防潮、防静电、供电、监控、温湿度控制、电磁防护等；设备方面包括防盗防毁、设备外观、标记、布局等内容项
网络层面	从网络拓扑结构了解系统拓扑结构，了解系统安全域分区、网络分段分区情况；了解互联网接入、内网划分与隔离情况；从网络通信、网络边界安全、网络流量监控、网络安全审计和远程安全登录等方面了解有关设备的部署、配置、运维和审计情况
系统层面	从服务器操作系统、终端操作系统、数据库系统、主机安全加固与审计、补丁与防病毒、外设计移动介质管理等方面了解有关软硬件的名称、版本、部署、配置和运维情况
应用层面	从应用系统功能、中间件、软件安全措施等方面了解有关软件的名称、版本、部署、配置、运维情况和用户账号、口令策略、资源共享、事件审计、访问控制、协议安全等措施
数据安全	从数据存储安全措施、数据传输安全措施等方面了解数据全生命周期保护情况
管理层面	从安全策略、组织结构、资产分类与控制、人员安全、内控与安全审计、运维管理、开发与建设管理、应急与灾难备份管理以及符合性等方面了解现有管理措施和实施效果

经过整理统计访谈记录和调研表格，实施团队整理出“手机交易系统”有关系统部署和安全防护的基本情况，因内容较多，表5-3所示摘录部分有关物理层面和网络层面的结果。

表5-3　信息系统安全现状调研内容

类型	子类型	基本情况
物理层面	环境/物理位置	系统机房设立在市桥东区平安北大街28号银公司大楼二层机房，门口配置电子门禁系统。系统所在的环境场地依据其功能的不同划分了相应的区域，服务器、网络设备、安全设备和存储设备集中放置在机房中后排；机房外围的监控室、配电室、人员休息室等区域划分符合国标GB50174—2008的相应要求

（续表）

类型	子类型	基本情况
物理层面	环境/防火措施	机房配备了 20 个手持式二氧化碳灭火装置，机房吊顶上方配备火灾探测器，为烟感和温感两种探测器的组合，但机房内部未配备呼吸装置。火灾报警系统已与自动灭火系统联动。报警系统正常工作，有相关运行记录
	设备安全/标记	机房内设备均有统一、明确的标记且无法擦去。设备标记内容包括设备名、IP 地址、应用业务、供应商和使用日期。设备表面没有凹痕、裂缝、变形和污染；表面涂层均匀，没有起泡、龟裂、脱落和磨损等现象
…	…	…
网络层面	网络拓扑结构/互联网接入	系统互联网接入采用电信、联通两条运营商链路接入，电信带宽为 20Mbps，联通带宽为 30Mbps。互联网接入区部署有交换机、负载均衡、防火墙、入侵防护、抗 DDoS 等设备，该区域通过双机热备的防火墙与手机银行 WEB 区连接
	网络通信/账号口令	网络通信设备远程维护服务、本地维护服务均设置了基于用户名、密码的身份认证机制。用户名和登录密码设置强度及复杂度有明确规定，密码长度均设置为 8 位以上，包含数字、大小写字母的组合，且每半年进行更新
	远程安全登录/内网设备运维	系统各网络区域网络安全设备远程维护管理采用 HTTPS、SSH 服务，并通过防火墙策略对设备服务客户端地址进行限制。网络安全设备管理协议 SNMP 使用 SNMPv2 版本
…	…	…

5.2.5 形成成果文档

在即将完成确定范畴阶段的工作时，风险管理项目团队需要将有关工作成果形成文档——《风险管理计划书》和《信息系统描述报告》。

5.2.6 获得最高管理者的支持

在实施信息安全风险管理活动过程中，获得了 RY 公司最高管理者的大力支持，主要表现在：

（1）公开承诺支持建立、实施信息安全管理体系并持续改进其有效性；

（2）明确同意公司管理层制定的信息安全目标和风险管理目标；

（3）同意组建风险管理实施团队，授权实施团队按照计划开展工作；

（4）书面同意并授权签发实施团队制定的《风险管理计划书》和《信息系统描述报告》；

（5）明确同意在公司内部召开全员大会，宣贯信息安全管理体系的重要性和信息安全风险管理的计划和工作过程；

（6）明确把风险管理成效纳入对个人的年度工作考核中。

以下章节展示的各个阶段工作中，均要求达到该阶段的控制目标，形成相关成果文档，这些文档都需要得到RY公司管理层的大力支持，为避免重复，下面章节就不再赘述获得支持的过程。

5.3 评估准备

1. 工作目标

评估准备阶段目标是制订风险评估计划和方案，选择风险评估工具，为后续的风险评估实施做好准备。

2. 实施方式

本阶段工作主要采取访谈的方式，通过有效的沟通交流，制订符合公司特点的风险评估方案，并确保得到风险管理决策层的认可和批准。

3. 预期成果

本阶段的预期成果包括：

（1）形成《风险评估方案》，描述风险评估的目的、组织结构、角色及职责、风险评估的工作过程和子过程、资产分类分级准则、威胁分级准则、脆弱性分级准则、风险分级准则、经费预算、进度安排等内容；

（2）形成《风险评估方法和工具列表》，依据信息系统实际情况和前面所制订的风险评估方案，从现有风险评估方法和工具库中选择合适的风险评估方法和工具，并准备实施风险要素识别和风险分析。

5.3.1 制订风险评估方案

针对RY公司此次风险评估的范围和目标，实施团队参考风险评估相关国际标准、国家标准和行业标准，制定本次风险评估的准则，主要内容包括风险分析方法、风险计算方法、资产分类标准、资产分级准则、威胁出现频率分级准则、脆弱性严重程度分级准则和风险分级准则等。其中，资产分级准则分别按照资产的机密性、完整性、可用性三个安全属性以及资产重要性制定。上述准则可以参考本书第三章的内容来制定。详细的分级准则较多，表5-4示例性给出资产机密性分级赋值准则来简要说明。

表5-4 RY公司风险评估资产机密性分级准则

资产级别	定 义	赋值
很高	公司最重要的秘密，如果泄漏或被毁坏会影响公司的根本利益，造成严重后果。如交易数据库服务器、用户账户金额、用户交易详单等	5

（续表）

资产级别	定 义	赋值
高	公司的重要秘密，其泄露会损害公司的安全和利益。如交易应用服务器、交易系统安全设计方案、账户交易日志等	4
中等	公司的一般性秘密，其泄露会伤害到公司的安全和利益。如网络防病毒服务器、系统年度统计报表等	3
低	公司内部资料或仅向某一部门公开的秘密，其泄露可能会轻微伤害到公司的安全和利益。如研发服务器、经处理后的测试数据等	2
很低	公开的信息和资料，其泄漏对公司的安全和利益影响不大。如交易系统培训系统及服务器、公司应急处理流程和联系人电话等	1

紧接着，实施团队根据确定范畴阶段输出的报告，结合本次风险评估的目的和准则，撰写本次风险评估的详细方案，其主要内容包括评估工作主要内容和工作计划。其中，评估工作内容包括本次风险评估的目的、意义、范围、风险评估准则、风险要素识别和风险分析及风险评估的工作过程、各项过程输入输出结果等内容；工作计划则包括本次风险评估工作的组织结构、角色及职责、经费预算和进度安排等内容。以进度安排为例，本次 RY 公司风险评估过程的进度计划如表 5-5 所示。

表 5-5 RY 公司风险评估工作进度计划

编号	评估阶段	工作内容	开始时间	完成时间
1	评估准备	制订风险评估准则方案、选择风险评估方法和工具，获得决策层批准	2015.03.03	2015.03.16
2	识别并评价资产	识别需要保护的资产并赋值	2015.03.17	2015.03.23
3	识别并评价威胁	识别面临的威胁并赋值	2015.03.18	2015.03.23
4	识别并评价脆弱性	识别存在的脆弱性并赋值	2015.03.24	2015.04.08
5	识别已有安全措施	确认已有的安全技术措施和管理措施	2015.04.04	2015.04.10
6	风险分析评价	分析威胁利用脆弱性导致安全事件发生的可能性，分析安全事件发生后可能造成的损失，计算和评价风险程度	2015.04.11	2015.04.16
7	风险处置建议	依据风险描述，提出具体风险处置建议措施	2015.04.17	2015.04.25
8	编制评估报告	编写风险评估报告，提交决策层评审	2015.04.26	2015.05.10

5.3.2 选择适合的方法和工具

在对本次风险评估的信息系统情况，实施团队参考附录 A，选择了本次工作需要使用的风险评估工具和风险计算方法。其中风险评估工具包括脆弱性扫描工具、主机信息采集工具、安全测试工具、渗透测试工具和风险评估管理平台等。出于篇幅考虑，表 5-6 仅给出本次风险评估中使用的脆弱性扫描工具来举例说明。

表 5-6 选用的脆弱性扫描工具列表

序号	类别	工具名称	版本	描述	备注	厂商
1	通用漏洞扫描工具	极光（AURORA）600	V5.0	网络/操作系统弱点扫描工具	国产	绿盟
2		Nessus	V4.0	网络/操作系统（Linux，Windows）弱点扫描工具	开源	—
3		X-scan	V3.2	网络/操作系统弱点扫描工具	开源	—
4	数据库漏洞扫描工具	App Detective	V5.3	用于 Oracle、DB2、MSSQL、Sybase 等数据库的漏洞扫描	国外商用	application security
5		Sqlmap	V1.0	数据注入工具	开源	—
6	Web 应用漏洞扫描工具	IBM Rational Appscan	V8.0	Web 应用程序安全测试工具，可以自动进行漏洞评估	国外商用	IBM
7		Acunetix Web Vulnerability Scanner	V8.0	Web 漏洞检测工具，通过网络爬虫测试网站安全，检测流行的攻击，如交叉站点脚本，SQL 注入等	国外商用	Acunetix
8		天境脆弱性扫描与管理系统	V6.0	Web 漏洞检测工具，通过网络爬虫测试网站安全，检测流行的攻击，如交叉站点脚本，SQL 注入等	国内商用	启明星辰

5.3.3 形成成果文档

在即将完成评估准备阶段的工作时，风险管理项目团队需要将有关工作成果形成文档——《风险评估方案》和《风险评估方法和工具列表》。这两个报告的主要内容参见前面两小节。

5.4 风险识别

1. 工作目标

风险识别是信息安全风险管理的重要步骤，目的是完成对信息安全风险有关的资产、威胁、脆弱性等关键因素的识别，以及对已有安全控制措施的有效性的分析和确认。

2. 实施方式

风险识别阶段工作主要采取文档审查、调查问卷、人员访谈、现场检查、渗透测试等形式进行。其中：

（1）文档审查是指查看 RY 公司提交的信息系统设计方案、运行日志、管理制度等材料；

（2）调查问卷是一套关于管理或操作控制的问题表格，供系统技术或管理人员填写。本次评估中，调查问卷和人员访谈时使用的调查表参考附录 B 制作；

（3）现场检查是由评估人员到现场观察考察设备的具体位置，检查设备的实际配置，得出系统在物理、环境和操作方面的信息，现场检查可分为人工检查和工具检查两种方式；

（4）渗透测试则是与业务、运维部门协商并经 RY 公司管理层审批后，约定在业务量低谷的时间段（选择了连续 5 天的每天 21：00 至第 2 天 04：00 时间段）开展，且在安全运维小组的监控下进行。

3. 预期成果

本阶段的预期成果包括：

（1）形成《需要保护的资产清单》，描述需要重点保护的资产，并确定资产的重要性级别；

（2）形成《面临的威胁列表》，描述信息系统面临的威胁，并确定威胁的发生频率、威胁能力程度等属性的等级；

（3）形成《存在的脆弱性列表》，描述信息系统存在的脆弱性，并确定脆弱性的危害严重程度、利用难易程度等属性的等级；

（4）形成《已有安全措施列表》，确认已有的技术安全措施和管理安全措施。

5.4.1 识别并评价资产

本阶段工作是对 RY 公司“手机交易系统”相关的资产进行科学的识别，并根据资产的重要性进行赋值，以资产的安全性状况来反映组织的业务的安全性程度。

1. 识别资产

实施团队依据评估准备阶段制定的资产分类准则，对公司现有资产进行分类识别，且同时标识出资产的责任人、保管者和用户。按照我国风险评估国家标准，资产可以按照硬件、软件、数据、服务、人员和其他等分成六类。本次风险评估中，从风险评估范围和目的出发，同时为便于后期计算风险，实施团队决定重点考虑“手机交易系统”涉及的相关服务器、网络路由设备、网络安全设备、系统软件、应用软件和数据库等资产。

因资产内容较多，表 5-7 给出主要资产的识别结果。

表 5-7　资产识别列表

资产类别	资产编号	名称	说明	型号
网络安全设备	FW001	WEB 防火墙	WEB 区域防火墙	ASA 5550
	FW002	WEB 防火墙	WEB 区域防火墙	ASA 5550
	FW003	APP 防火墙	APP 区域防火墙	JUNIPER ISG 1000
	IPS001	电信链路 IPS	入侵防护系统	NIPS 2060D
	ADS001	电信链路 AD	抗 DDoS 系统	DDoS COLLAPSAR
	…	…	…	…
网络通信设备	SW001	开发交换机	开发接入交换机	RJ 2328G
	SW002	WEB 交换机	WEB 接入交换机	MAIPU S3026G
	SW003	APP 交换机	APP 接入交换机	MAIPU S3026G
	SW004	核心交换机	核心交换机	CISCO 6506
	LB001	LC 负载均衡	负载均衡	F5 BIG-IP 1600
	…	…	…	…
服务器	AS001	应用服务器主	APP 区应用服务器	IBM P7—750
	AS002	应用服务器备	APP 区应用服务器	IBM P7—750
	AS003	WEB 服务器主	WEB 区 WEB 服务器	IBM P7—750
	AS004	数据库服务器主	生产数据库服务器	IBM P7—750
	…	…	…	…
应用系统	A0001	交易服务系统	手机交易业务系统	AIX 6.1
	A0002	APP 业务系统	手机 APP 业务系统	AIX 6.1
	A0003	交易数据库	手机交易数据库	Oracle 11g
	A0004	交易中间件	手机交易中间件	Tomcat 6.0.32
	…	…	…	…

2. 资产赋值和评价

在对相关资产进行识别和分类后，按照预先制定的资产分级准则，对相关资产分别按照保密性、完整性和可用性进行赋值（这里按照五个等级进行赋值），然后再为每个资产分别设置上述三个安全属性的权值，以此为基础计算出资产的价值，并评估出资产重要性。按照上述步骤计算后，本次风险评估对重要资产的赋值和重要性评价结果如表5-8所示。

表5-8　资产CIA价值表

资产编号	资产名称	安全属性赋值			权值			资产价值	资产重要性
1	1	保密性	完整性	可用性	保密性	完整性	可用性	1	1
FW001	WEB防火墙	3	5	5	0.2	0.4	0.4	4.6	很高
FW002	WEB防火墙	3	5	5	0.2	0.4	0.4	4.6	很高
SW004	核心交换机	3	3	4	0.2	0.4	0.4	3.4	高
AS001	应用服务器主	3	4	4	0.2	0.3	0.5	3.8	高
AS004	数据库服务器主	3	4	4	0.3	0.4	0.3	3.7	高
A0001	交易业务系统	4	4	5	0.1	0.5	0.4	4.4	很高
A0003	交易数据库	4	5	5	0.2	0.4	0.4	4.8	很高
…	…	…	…	…	…	…	…	…	…

5.4.2　识别并评估威胁

本阶段工作是对RY公司“手机交易系统”所面临的威胁进行识别并赋值的过程。

1. 识别威胁

“手机交易系统”面临的威胁可分为人为安全威胁和非人为安全威胁。这些威胁有可能导致信息系统的运行中断、重要数据丢失，或者敏感信息泄露等安全事件。

非人为的安全威胁主要分为两类：一类是自然灾难，另一类为设备故障。自然灾难通常包括：地震、水灾、火灾等，自然灾难可以对网络系统造成毁灭性的破坏，其特点是：发生概率小，但后果严重；设备故障通常包括链路老化、电磁辐射、设备以外故障，设备故障可能会直接威胁网络的安全，影响信息的存储媒体。

人为威胁主要分为内部人员和外部人员带来的安全威胁。这些人员的某些有意或无意的行为，会直接或间接地对系统造成相应的影响，使攻击者可以达到破坏、窃取、篡改数据等目的，造成不可估量的损失。

2. 威胁赋值和评价

对上述威胁根据其威胁程度和发生频率进行综合可以为威胁赋值，如表5-9所示。

表5-9　威胁分类及赋值表

威胁来源	威胁类别	威胁名称	威胁赋值
非人为的安全威胁	自然灾难	断电、洪灾、火灾、地震、雷电	2
		静电干扰、灰尘、潮湿、温度、虫害、电磁干扰	1

（续表）

威胁来源	威胁类别	威胁名称	威胁赋值
非人为的安全威胁	设备故障	服务器、存储、传输、网络通信、网络安全设备等硬件故障	2
		系统软件、应用软件、数据库软件等故障	2
人为的安全威胁	内部人员	无作为或操作失误，包括维护错误、系统故障、操作失误等	1
		恶意代码和病毒，包括木马后门、网络病毒、间谍软件和窃听软件	2
		越权访问，包括非授权访问网络资源和访问系统资源	1
		滥用权限，包括非正常修改系统配置或数据、泄露秘密信息	3
		网络攻击，包括网络探测、信息采集、嗅探（账户、口令、权限）、用户身份伪造和欺骗、用户或业务数据的窃取和破坏等	2
		物理攻击，包括物理接触破坏、盗窃等	1
		篡改信息，包括网络、系统、主机、安全设备等配置信息	1
人为的安全威胁	外部人员	恶意代码和病毒，包括木马后门、网络病毒、间谍软件和窃听软件	2
		越权访问，包括非授权访问网络资源和访问系统资源	2
		滥用权限，包括非正常修改系统配置或数据、泄露秘密信息	2
		网络攻击，包括网络探测、信息采集、嗅探（账户、口令、权限）、用户身份伪造和欺骗、用户或业务数据的窃取和破坏等	3
		物理攻击，包括物理接触破坏、盗窃等	2
		篡改信息，包括网络、系统、主机、安全设备等配置信息	2

5.4.3 识别并评估脆弱性

本阶段工作是对RY公司“手机交易系统”相关资产存在的脆弱性进行识别，标识脆弱性的严重程度和利用难易程度等属性的等级，并依据评估准备阶段制定的脆弱性分级准则来对脆弱性进行复制。在脆弱性识别过程中，需结合国家法律法规有关标准规范、

RY公司业务需求以及安全设计文档，检查识别已有的安全防范措施，并确认措施有效性。为便于后续分析过程，本次风险评估从架构脆弱性、技术脆弱性和管理脆弱性三个方面展开。

1. 识别架构脆弱性

本次风险评估中，识别“手机交易系统”的系统脆弱性是指识别该系统的安全策略与制度、组织结构、人员管理、系统架构和合规性等方面存在的脆弱性。这些脆弱性的共同特点是属于系统和架构方面的脆弱性，其被利用后会对公司品牌、形象等无形资产以及整个信息系统造成较大的损害。

架构脆弱性的识别主要是通过访谈交流、填写调查问卷、文档审查以及综合分析得出，即在了解公司组织架构、安全管理结构、公司安全策略以及审查“手机交易系统”需求、设计文档等材料的基础上，综合分析出当前存在的架构脆弱性。

表5-10为以检查安全策略和人员管理措施为例给出识别脆弱性时的主要检查内容和结果。

表5-10　安全策略脆弱性检查内容

<table>
<tr><th>序号</th><th>安全策略检查项</th><th>检查内容</th><th>检查结果</th></tr>
<tr><td>1</td><td>是否制定“总体安全策略”</td><td>总体安全策略应由信息安全领导小组组织制定，由信息安全领导小组组织并提出指导思想，信息安全职能部门负责具体制定系统的总体安全策略，经最高层审定后公布。该安全策略是全公司进行信息安全规划、建设、运维、废弃等工作的总体方针</td><td>是</td></tr>
<tr><td>2</td><td>是否组织“系统安全性评价”</td><td>对于重要的项目，是否按照规范组织实施系统安全评价：在项目申请实施时，应组织有关部门负责人和有关安全技术专家进行项目安全性评价，在确认项目安全性符合要求后由主管领导审批，或者经过管理层的讨论批准，才能正式立项</td><td>是</td></tr>
<tr><td>3</td><td>是否制定“信息安全管理制度体系”</td><td>是否形成由安全策略、管理制度和操作规程组成的全面的信息安全管理制度体系</td><td>是</td></tr>
<tr><td>3</td><td rowspan="11">是否贯彻执行了相关安全策略</td><td>设计与开发策略</td><td>是</td></tr>
<tr><td>4</td><td>测试与验收策略</td><td>是</td></tr>
<tr><td>5</td><td>运行与维护策略</td><td>是</td></tr>
<tr><td>6</td><td>备份与恢复策略</td><td>是</td></tr>
<tr><td>7</td><td>应急事件处置策略</td><td>是</td></tr>
<tr><td>8</td><td>设计与开发策略</td><td>是</td></tr>
<tr><td>9</td><td>测试与验收策略</td><td>是</td></tr>
<tr><td>10</td><td>运行与维护策略</td><td>是</td></tr>
<tr><td>11</td><td>备份与恢复策略</td><td>是</td></tr>
<tr><td>12</td><td>应急事件处置策略</td><td>是</td></tr>
<tr><td>13</td><td>网络设备、安全设备配置的安全策略</td><td>是</td></tr>
</table>

（续表）

序号	安全策略检查项	检查内容	检查结果
14	是否对“总体安全策略”和制度体系进行了审查修订	公司应定期（如每年）或在发生重大安全事件后对“总体安全策略”和制度体系进行修订、审批和发布，以确保其持续适宜性和有效性	否，未定期修订和评审。存在脆弱性

表 5-11 是人员管理检查内容和结果。

表 5-11　人员管理脆弱性检查内容

序号	检查项	检查内容	检查结果
1	人员录用	是否制定人员录用的制度和流程	是
2		是否有专门的部门或人员负责人员录用	是
3		是否对录用人员的身份进行过审核	是
4		是否对录用人员的背景进行过审核	是
5		是否对录用人员的专业资格进行过审核	是
6		是否对录用人员的资质进行过审核	是
7		是否对录用人员进行过技术技能的考核	是
8		是否与录用人员签署了保密协议	是
9	人员使用	是否制订人员安全教育和培训的计划（制度）	是
10		是否制定人员考核的制度和流程	是
11		是否签署岗位安全协议	是
12		是否制定安全责任和惩戒措施的相关制度	是
13		是否对安全教育、安全培训情况及结果进行记录并归档	是
14		是否定期开展针对不同类别的人员的安全意识教育和安全技术培训工作	是
15		是否开展了对各类人员的安全意识、安全技能的考核	是
16		是否开展了针对关键岗位的人员的定期考核和审查	是
17	人员离职	是否制定人员离岗的制度和流程	是
18		是否按照流程收回离岗人员的工作证件、徽章、钥匙等重要物件	是
19		是否移交离岗人员保存的机密信息和文件	是
20		是否签署离岗人员离岗后安全保密承诺书	是

实施团队在对公司的安全策略、组织结构、人员管理、系统架构以及合规性方面的安全现状进行检查后，得出检查结果如表 5-12 所示。

表 5-12　系统脆弱性检查结果

序号	类型	检查结果	存在脆弱性
1	安全策略	公司按照规范制定和发布了《RY 公司总体信息安全策略》，在日常工作中按照该策略进行了有效的实施和检查，但在初次制定后五年内未按计划修订该文档；对于公司重要项目实施了安全评审通过后才能立项的规定	未按计划修订总体安全策略，可能导致安全策略与公司业务目标发生偏离
2	组织结构	公司成立了“信息安全管理委员会”领导小组和办公室，依托科技部执行信息安全管理职能，明确了各级信息安全主管人员和职责；建立了多级安全协调会议制度；公司设立了专职安全管理岗位、聘请了外部信息安全专家顾问；公司制定了上级信息安全主管联系制度，和外部信息安全组织联系沟通渠道通畅	未发现
3	人员管理	公司在人员招聘、录用、使用、培训以及离职等方面制定了严格的规定。公司要求员工政治过硬、业务素质高、遵纪守法、恪尽职守；公司要求员工在入职和离职时均需签署相应的保密协议；公司明文要求对违反国家法律、法规和行业规章的人员进行严肃的处理。公司对新员工的管理能力、业务技能和安全意识等方面进行了培训，并定期对所有员工进行相应的安全知识和技能的培训	未发现
4	系统架构	信息系统架构、网络拓扑结构设计基本合理，符合纵深安全设计原则；网络区域按照应用特点分为互联网、互联网接入区、WEB 服务器区、APP 服务区、开发测试区等不同区域，各区域之间部署了多种、多级安全防护设备并设计了双链路、负载均衡措施	开发测试区域实际上需要和内网开发人员网络区域互通。当前开发测试区域接入位置不合适，不利于实施网络边界控制，尤其是限制内网人员网络区域访问能力
5	合规性	公司在信息系统建设、信息资产安全防护方面遵守了国家相关法律法规和政策要求，遵从了银监会和央行关于信息系统安全防护要求、科技风险管理和内部控制的要求；结合自身情况，制定了规章制度及技术规范体系	未发现

2. 识别技术脆弱性

本次风险评估中，识别技术脆弱性是指识别“手机交易系统”相关软硬件存在的技术方面的脆弱性，具体则对包括物理安全、网络安全、操作系统、应用系统、数据库、中间件、存储备份、防病毒等在内的各个方面进行检查。这些脆弱性的共同特点是和“手机交易系统”相关服务器、网络路由设备、网络安全设备、系统软件、应用软件和数据库等资产密切相关，其被利用后会直接对这些资产造成损害，从而影响系统的业务使用。

系统脆弱性的识别主要是通过访谈交流、现场考察、技术检测（包括手工检查和工具检测）以及综合分析得出，即在了解上述资产的实际部署、安全配置和安全防护措施基础上，综合分析出当前存在的技术脆弱性。

表 5-13 为以检查物理安全和网络安全为例给出识别脆弱性时的主要检查内容和结果。

表 5-13　物理安全脆弱性检查内容

序号	检查项	检查内容	检查结果	存在脆弱性
1	环境安全/防火	是否设置了二氧化碳或卤代烷灭火设备，摆放位置如何，有效期是否合格，是否定期检查	机房配置若干个手提式二氧化碳灭火设备，摆放位置合理且有效期合格，由行政保卫室进行定期检查	机房未配备应急呼吸装置
2		若在计算机机房设置二氧化碳或卤代烷固定灭火系统及火灾探测器，则在吊顶的上、下及活动地板下，是否均设置探测器和喷嘴；是否在机房内部配备了应急呼吸装置	机房吊顶设置了火灾探测器和喷嘴，机房内部未配备应急呼吸装置	
3		若使用固定灭火系统，是否使用了感烟和感温两种探测器的组合	固定灭火系统使用了感烟和感温两种探测器的组合	
4		是否设置了火灾自动报警系统，报警系统是否正常工作，是否有运行记录、报警记录、定期检查和维修记录	机房设置了火灾自动报警系统，报警系统可以正常工作，并有运行记录	
5		是否有有关机房消防的管理制度文档，机房防火设计/验收文档和火灾自动报警系统的设计/验收文档	机房设有消防管理制度文档、机房防火设计/验收文档和火灾自动报警系统的设计/验收文档	
6		是否有人负责维护消防系统的运行	机房消防系统的运行维护由监控室值守人员负责	
7		机房值守人员能否对机房出现的消防安全隐患能否及时报告并排除	机房值守人员 7*24 小时对机房进行监控，能够对机房出现的消防安全隐患及时报告并排除	
8		…	…	

（续表）

序号	检查项	检查内容	检查结果	存在脆弱性
9	环境安全/出入口控制	机房出入口配置电子门禁系统，鉴别进入人员的身份并登记在案	机房入口处分别设置了指纹识别系统和电子门禁系统，进入机房人员须进行登记	机房内部的疏散出口处没有设置疏散线路指示图
10		机房应设单独出入口，另设多个紧急疏散出口	机房设有2个单独出入口，分别为人员进出口和设备进出口，另设1个紧急疏散出口	
11		疏散出口处是否有明显的疏散线路指示和标志灯	疏散出口处只有明显的标志灯，无疏散路线指示图	
12		是否对出入口通道进行视频监控	对出入口通道设有视频监控	
13		机房入口应有专人负责，对携带进出的物品进行检查	进出机房有专人负责出入的登记	
14		…	…	
15	设备安全/设备标记	系统设备和部件是否有明显清晰的标志，应包括：产品名称、型号或规定的代号、制造厂商的名称或商标、安全符号，或国家规定的3C认证标志	系统设备和部件均具有明显清晰的标志	未发现
16		设备和部件标记明显且无法擦去	设备和部件标记为打印字迹，清晰、明显且无法擦去	
17		系统设备的各部件应紧固无松动，设备布局合理	系统设备的各部件连接牢固	
18		…	…	
19	…	…	…	

网络安全方面的脆弱性识别是针对每一个网络通信设备、网络安全设备以及服务器设备等硬件进行相关内容的检查，表5-14将部分检查结果摘要显示。

表5-14 网络安全脆弱性检查内容

序号	检查项	检查内容	检查结果	存在脆弱性
1	FW001 WEB防火墙	硬件型号及系统版本	ASA 5550，Version 8.2（5）	未发现
2		端口设置	不存在未使用的端口	
3		访问控制策略	访问控制策略符合安全规范，不存在允许源地址到任意目的地址的访问，或者未使用的ACL	

（续表）

序号	检查项	检查内容	检查结果	存在脆弱性
4	FW001 WEB防火墙	开启的网络服务	SSH、HTTPS	
5		日志/审计设置	已开启	
		访问接口	仅本地且必须通过HTTPS或SSH协议访问	
6		鉴别设置	密码长度>8；须包含大小写字母、数字等；半年必须更换口令	
7		超时退出	300秒	
8		…	…	
9	IPS001 入侵防护系统	硬件型号及系统版本	NIPS 2060D，V600R0400B20110829	未设定更新策略，规则库一直未更新
10		安全策略	提供网络层、应用层的攻击检测策略	
11		安全事件记录方式	全部记录，告警显示，每周人工审计	
12		更新策略（规则库是否更新至最新版本，每周更新）	一直未更新	
13		开启的网络服务	SSH、HTTPS	
		访问接口	仅本地且必须通过HTTPS或SSH协议访问	
		鉴别设置	密码长度>8；须包含大小写字母、数字等；半年必须更换口令	
		超时退出	300秒	
14		…	…	
15	SW004 核心交换机	硬件型号及系统版本	CISCO 6506，Version 12.2（33）SXH7	(1)存在弱口令；(2)未禁用TELNET；(3)未关闭SNMP
16		存在的路由协议	OSPF、静态路由	
17		VLAN设置	VLAN设置符合安全规范，不存在VLAN 1	
		访问控制	存在弱口令（123456）	
		TELNET服务	未禁用	
		SNMP服务	未关闭	
18		…	…	
19	…	…	…	…

3. 识别管理脆弱性

本次风险评估中，识别管理脆弱性是指识别“手机交易系统”设计、建设和运行时各生命周期阶段管理工作中存在的脆弱性，具体检查内容包括管理制度、系统运维、项目管理、业务连续性、应急响应等。信息系统的严格管理是企业及用户免受攻击的重要措施。管理是网络安全得到保证的重要组成部分，责任不明、管理混乱、安全管理制度不健全及操作流程不规范等都可能引起管理安全的风险，可能直接对信息系统资产造成损害，从而影响系统的业务使用。

管理脆弱性的识别主要是通过访谈交流、文档审查、符合性检查、现场查看以及综合分析得出。表5-15为以检查系统运维管理和业务连续性为例给出识别脆弱性时的主要检查内容和结果。

表5-15　运维管理脆弱性检查内容

序号	检查内容	检查结果	存在脆弱性
1	生产管理、运行值班、变更管理、机房管理等方面制定情况	制定了体系化的运维管理制度。包括《计算机机房管理办法》《信息技术部值班管理制度》《信息系统运行管理办法》《运行系统变更管理办法》、《信息系统生产环境事件管理办法》《防止计算机病毒的实施办法》《计算机系统口令安全管理规范》等22项制度	未发现
2	机房出入管理	有专门部门、专门人员负责对机房进行安全管理和检查 对进出机房的人员和设备进行登记，对出入设备进行检查	未发现
3	资产管理	编制了与信息系统相关的资产清单，包括资产责任部门、重要程度和所处位置等内容	未发现
4	办公环境保密管理	规定规范了办公环境人员行为，包括工作人员调离办公室应立即交还该办公室钥匙、不在办公区接待来访人员、工作人员离开座位应确保终端计算机退出登录状态和桌面上没有包含敏感信息的纸档文件等内容	未发现
5	系统运维管理流程	具有规范的系统安全策略、安全配置、日志管理和日常操作等流程规定及相应表格附件	未发现
6	网络安全配置管理	建立了网络安全管理制度，对网络安全配置、日志保存时间、安全策略、升级与打补丁、口令更新周期等方面做出规定	未发现
7	系统运维人员管理	设定了多个运维岗位，要求专人对系统进行管理，划分系统管理员、数据库管理员、审计管理员等多个角色，明确各个角色的权限、责任和风险，权限设定应当遵循最小授权原则	未发现
8	系统漏洞管理	指定管理员负责了解最新漏洞发布情况，定期对现有系统进行漏洞扫描，及时下载和测试安装补丁程序	未发现

（续表）

序号	检查内容	检查结果	存在脆弱性
9	恶意代码管理	指定专人负责病毒和恶意代码的检测和防范工作，定期升级病毒和恶意代码库；定期开展针对网络和主机的恶意代码检测工作，记录并保存检测结果	未发现
10	设备采购及维修管理	建立了基于申报、审批和专人负责的设备安全管理制度，对信息系统的各种软硬件设备的选型、采购、发放和领用等过程进行规范化管理；明确了设备维护人员的责任、涉外维修和服务的审批、维修过程的监督控制等	未发现
11	介质管理	建立了介质安全管理制度，对介质的存放环境、使用、维护和销毁等方面做出规定；对介质归档和查询等进行登记记录，并根据存档介质的目录清单定期盘点；对外来的存储设备、移动介质和软件进行恶意代码检测工作	对外来存储设备恶意代码检测时，员工落实不到位
…	…	…	…

业务连续性方面的脆弱性识别是针对业务系统在安全事件处置、灾难备份流程等方面进行相关内容的检查，表 5-16 将部分检查结果摘要进行显示。

表 5-16　业务连续性脆弱性检查内容

序号	检查内容	检查结果	存在脆弱性
1	安全事件报告和处置管理制度	制定了相关制度，明确安全事件的类型，规定安全事件的现场处理、事件报告和后期恢复的管理职责；明确了安全事件报告和响应处理程序，确定事件的发现、响应和处置的范围、程度以及处理方法等	未发现
2	安全事件报告和处置流程	明确要求安全管理机构或职能部门负责接报安全事件报告，并及时进行处理，注意记录事件处理过程；明确重点注意重要区域或业务应用发生的安全事件；规定安全事件处置报告流程	未发现
3	备份恢复管理相关制度	制定了备份与恢复管理相关的安全管理制度，对备份信息的备份方式、备份频度、存储介质和保存期等进行规范	未发现

（续表）

序号	检查内容	检查结果	存在脆弱性
4	重要业务系统说明	明确了需定期备份重要业务系统及相关信息列表；规定了系统数据及软件等内容的备份周期；确定了重要业务信息的保存期以及其他需要保存的归档拷贝的保存期	未发现
5	离线备份方案及管理	制订了离线备份或在线备份方案，定期进行数据增量备份和应用系统全备份；未规定将数据备份结果放置到异地存储。	未规定和实行异地存储备份内容
6	数据备份流程	指定了专人负责数据备份和恢复，同时保存几个版本的备份； 定期（每个月）检查备份介质，保证介质可用； 定期（每个月）检查及测试恢复程序，确保在预定的时间内正确恢复； 记录数据备份和介质、数据测试过程。	未发现
7	备份设备和线路维护	指定专人定期维护和检查备份设备和冗余设备的状况，确保需要接入系统时能够正常运行； 指定专人定期维护和检查热备份的运行状况，定期进行切换试验，确保需要时能正常运行	未发现
…	…	…	…

4. 脆弱性赋值和评价

实施团队在识别出脆弱性后，在本阶段则根据脆弱性的严重程度和利用难易程度等属性，为上述脆弱性进行赋值，以参与后面的风险计算和风险分析。赋值的依据是评估准备阶段制定的脆弱性分级准则，按照该准则，脆弱性的赋值分为五个等级，分别用 1、2、3、4、5 表示。其中，等级值越低，则说明脆弱性越不容易造成很大的损害；等级值越高，说明该脆弱性容易造成很大的损害。

本次风险评估对脆弱性的赋值和评价结果摘要如表 5-17 所示。

表 5-17　脆弱性赋值评价表

序号	类　别	脆弱性编号	说　明	等级
1	架构脆弱性	SV001	未按计划修订总体安全策略	1
2		SV002	开发测试区域网络接入不合理	4
3	技术脆弱性	TV001	机房未配备应急呼吸装置	2
4		TV002	机房内部的疏散出口处没有设置疏散线路指示图	2

（续表）

序号	类　别	脆弱性编号	说　明	等级
5	技术脆弱性	TV003	IPS001（入侵防护系统）未设定更新策略，规则库一直未更新	3
6		TV004	SW004（核心交换机）存在弱口令	5
7		TV005	SW004（核心交换机）未禁用 TELNET	4
8		TV006	SW004（核心交换机）未关闭 SNMP	3
9		TV007	A0001（交易服务系统）存在默认账户并且权限较高	4
10		TV008	A0001（交易服务系统）存在 sql 注入漏洞，能从外网恶意攻击系统和数据库	5
11		TV009	A0001（交易服务系统）用户登录时无图片或其他方式的验证码	2
12		TV010	A0001（交易服务系统）使用明文保存用户口令	4
13		TV011	A0002（APP 业务系统）网上自助开通账号时对登录密码无复杂度要求，用户第一次登录时也不提示修改密码	3
14		…	…	
15	管理脆弱性	MV001	员工未及时对所有外来存储设备检测恶意代码检测	4
16		MV002	未对备份内容实施异地保存	2
…		…	…	…

5.4.4　形成成果文档

在完成了上述的资产识别与评价、威胁识别与评估、脆弱性识别与评估等工作后，实施团队应及时将有关工作成果形成文档，包括：《需要保护的资产清单》、《面临的威胁列表》、《存在的脆弱性列表》和《已有安全措施列表》等，这些文档的主要内容基本都包括识别原则、识别过程和方法、识别结果、引用评估准则及赋值结果等。实施团队一方面要将这些成果提交给风险管理决策层供领导审查，另一方面将这些结果用于后续进行的风险分析。

5.5　风险分析与评价

1．工作目标

风险分析与评价阶段的主要工作是完成风险的分析和计算，对不同等级的安全风险进行统计和分析，从而确定总体风险状况。

2. 实施方式

风险分析与评价阶段主要是依据上一阶段输出的《面临的威胁列表》和《存在的脆弱性列表》文档，来分析威胁利用脆弱性导致安全事件发生的可能性；依据《存在的脆弱性列表》和《需要保护的资产清单》，来分析安全事件发生后可能造成的损失，并采用特定的风险分析算法，实施风险计算，得到各资产面临的风险大小。风险分析采用的分析算法可以是定量的，也可以是定性的，或者是两者结合的方式。风险评价则是通过和预先制定的准则进行比较，综合评判系统存在的风险。

3. 预期成果

本阶段的预期成果包括：

（1）形成《风险计算报告》，描述风险计算方法、过程和结果；

（2）形成《风险评估报告》，描述组织或信息系统面临的各种风险，综合评判风险等级大小及是否可接受或容忍。

5.5.1 风险分析

威胁能利用脆弱性导致安全事件的发生，风险分析是综合研究威胁出现的频率、脆弱性严重程度和利用难易程度、资产重要程度等因素，计算和分析资产面临的风险大小。因此，风险分析阶段可分为分析安全事件发生的可能性、分析安全事件造成的损失、实施风险计算等三个工作过程。

对于风险计算过程，具体到本案例，实施团队在5.4.1节识别资产时，重点识别了“手机交易系统”涉及的相关服务器、网络路由设备、网络安全设备、系统软件、应用软件和数据库等资产，并没有将RY公司的企业形象、基础设施、人员等方面的资产进行逐一识别和赋值，而有些威胁和脆弱性是和这些资产相关的，而不仅限于某个服务器设备或软件。所以在本阶段进行风险分析时，实施团队决定采用定性分析和定量分析相结合的方法。

1. 定性风险分析结果

定性风险分析主要是针对RY公司的企业形象、基础设施、人员等方面的资产进行分析，其所涉及的脆弱性包括上一阶段识别的架构脆弱性和管理脆弱性，在5.4.2节识别威胁基础上，通过分析安全事件发生的可能性和安全事件发生后可能造成的损失，综合得到RY公司面临的风险等级。表5-18摘要地显示了部分定性风险分析结果。

表5-18 定性风险分析结果

编号	类别	安全风险	安全风险描述	风险等级
AR1	安全策略	未按计划修订总体安全策略	公司应定期（如每年）或在发生重大安全事件后对“总体安全策略”和制度体系进行修订、审批和发布。未按计划修订，可能导致安全策略和现有业务目标不相适应	1

（续表）

编号	类别	安全风险	安全风险描述	风险等级
AR2	系统架构	开发测试区域网络接入不合理	内网开发人员和开发测试区域连接不合理，影响网络性能，增加了网络边界安全控制难度，也可能导致内部人员非法访问 WEB 区和 APP 区	4
AR3	运维管理	外来存储设备恶意代码检测	在办公主机使用外来存储设备时，员工未落实恶意代码检测制度	2
AR4	业务连续性	未对备份内容实施异地保存	为保证备份数据有效性，应落实备份数据异地存储制度，否则在发生火灾、水灾、地震等灾难时，备份数据将被损坏	1
…	…	…	…	…

2. 定量风险分析结果

定量风险分析主要是围绕“手机交易系统”相关服务器、网络路由设备、网络安全设备、系统软件、应用软件和数据库等资产进行分析，这些资产的脆弱性一旦被威胁所利用，则会直接对资产造成损害，从而影响系统的业务使用。因此，实施团队在研究威胁和脆弱性关联、资产和脆弱性关联的基础上，将上一阶段识别的技术脆弱性用于定量风险分析。

本次定量风险分析所采用的计算方法是矩阵法，即通过构造二维取值矩阵，然后依据相关联的两个元素分别确定行和列，再得到结果值。以通过威胁和脆弱性这两个因素计算安全事件发生可能性为例，表 5-19 给出了安全事件可能性矩阵。

表 5-19　安全事件可能性矩阵

	脆弱性赋值	1	2	3	4	5
威胁赋值	1	2	4	7	11	14
	2	3	6	10	13	17
	3	5	9	12	16	20
	4	7	11	14	18	22
	5	8	12	17	20	25

依据前一阶段对威胁和脆弱性的赋值结果，可以得到安全事件可能性的值，然后再依据表 5-20 为安全事件可能性进行分级，得到安全事件可能性等级赋值。

表 5-20　安全事件可能性等级划分

安全事件发生可能性值	1—5	6—11	12—16	17—21	22—25
发生可能性等级	1	2	3	4	5

同样地，实施团队构造了安全事件损失值矩阵和安全事件损失值等级划分表，以便在依据资产价值和脆弱性严重程度值计算安全事件损失时查找使用。在得到安全事件可能性等级和安全事件损失等级后，实施团队仍通过矩阵法来计算安全风险等级。具体的安全事件损失值矩阵、安全事件损失值等级划分表以及安全事件风险矩阵、安全风险等级划分和表5-19、表5-20类似，这里就不再给出。

实施团队将上一节得到的《需要保护的资产清单》《面临的威胁列表》和《存在的脆弱性列表》作为输入，使用矩阵法计算后得到本次风险评估的风险等级结果。表5-21摘要地显示了部分定量风险分析结果。

表5-21 定量风险分析结果

编号	类别	安全风险	安全风险描述	风险等级
QR1	网络安全	SW004（核心交换机）可能被未授权/越权访问	SW004（核心交换机）存在弱口令，容易被猜测，可能被用于未授权/越权访问	4
QR2		SW004（核心交换机）可能被攻击者修改配置，改变网络连接	SW004（核心交换机）存在弱口令，攻击者登录后可能修改网络配置，堵塞网络或发起改变连接关系、发起攻击	5
QR3		SW004（核心交换机）登录时账号口令可能被窃听	SW004（核心交换机）未禁用TELNET，账号、口令及命令明文传输，可能被窃听	2
QR4		SW004（核心交换机）可能被攻击者从远程发起连接并攻击	SW004（核心交换机）允许远程TELNET登录，可能被攻击者利用发起攻击	3
QR5		SW004（核心交换机）可能被利用SNMP漏洞控制设备	SW004（核心交换机）没有关闭不必要的SNMP协议，且采用默认SNMP配置，攻击者有可能借此控制设备	4
QR6		…	…	…
QR7	应用安全	A0001（交易服务系统）可能被非授权访问	A0001（交易服务系统）存在默认账户并且权限较高，可能被攻击者利用并进入系统，查看和修改数据	5
QR8		…	…	…
…	…	…	…	…

5.5.2 风险评价

通过和预先制定的风险准则相比较，对面临的各种风险进行等级化划分和综合评判，以确定组织或信息系统面临的各种风险等级，以及风险大小是否可接受或可容忍。

在得到风险分析结果后，实施团队根据关键资产风险等级划分结果可以统计得出各个资产的风险汇总情况，并根据不同等级的风险以及风险数目赋值资产风险等级，如表5-22所示。

表 5-22 资产风险等级统计表

资产	风险等级数目					综合风险等级
	很高（5）	高（4）	中（3）	低（2）	很低（1）	
公司整体（品牌、可持续性等无形资产、信息系统整体）	0	1	2	6	8	4
FW001（WEB 防火墙）	0	0	0	0	2	1
FW002（WEB 防火墙）	0	0	0	0	2	1
FW003（APP 防火墙）	0	0	0	1	2	2
FW004（APP 防火墙）	0	0	0	1	2	2
SW004（核心交换机）	1	2	1	1	0	5
AS001（应用服务器主）	2	1	5	2	9	5
AS002（应用服务器备）	2	1	5	2	9	5
A0001（交易服务系统）	1	2	0	1	0	5
…	…	…	…	…	…	…

从上表可得，“手机交易系统”在本次风险评估中，存在较高安全风险的资产有公司整体、SW004（核心交换机）、AS001（应用服务器主）和A0001（交易服务系统）等，应尽快对这些资产进行加固防护。

5.5.3 形成成果文档

在完成安全事件可能性、安全事件损失大小和安全风险计算等风险分析工作后，实施团队应及时将有关工作成果形成《风险计算报告》和《风险评估报告》。《风险计算报告》的主要内容包括风险计算方法、系统架构风险分析、安全管理风险分析、定量风险分析过程及结果、安全事件可能性计算、安全事件损失计算、安全风险值计算结果等;《风险评估报告》的主要内容则进一步描述组织或信息系统面临的各种风险，风险综合评判等级以及哪些风险需尽快采取措施来处理。

5.6 风 险 处 置

1. 工作目标

风险处置阶段是依据风险评估的结果，选择和实施合适的安全措施，将风险控制在可接受的范围内。

2. 实施方式

本阶段工作应在专家顾问的指导下，在和管理层充分沟通的基础上，综合研究分析风险评估的结果，对各安全风险提出针对性的处置措施，并制订和实施风险处理实施计划。

3. 预期成果

本阶段的预期成果包括：

（1）形成《风险处置计划》，描述各安全风险的针对性处理措施，以及风险处置的实施计划；

（2）形成《风险处置实施记录》，记录风险处理过程和结果。

5.6.1 风险处置计划

风险处置的过程包括两个过程：第一个过程是准备工作，主要完成风险处置前的准备工作，包括判断现存风险是否可接受，确立风险处置目标和选择风险处置措施，形成风险处置目标列表和风险处置计划；第二个过程是风险处置的实施过程，即在风险管理决策层同意风险处置计划后，按照计划书具体实施风险处置的过程。

要想对风险实施有效的控制和妥善的处理，一般来说应该以最小的处置成本获得最大的收益。在风险处置之前，需要根据风险评估结果的实际情况，确定合适的风险处置目标，选择合适的控制措施，以及设定处置优先级。本次风险处置过程中，实施团队在专家顾问的指导下，以及在和管理层充分沟通的基础上，对上一节评估出来的安全风险选择了合适的风险处置措施和设定优先级，如表5-23所示。

表5-23 安全措施选择

措施编号	控制措施	对应风险	优先级
M1	修改SW004（核心交换机）口令，使用强度更高的口令	QR1 QR2	高
M2	禁用或删除A0001（交易服务系统）中默认用户	QR7	高
M3	关闭SW004（核心交换机）中SNMP协议	QR5	高
M4	修改开发测试区的接入位置，应接入到FW003和FW004（APP防火墙）的空置端口上，设置访问策略，只允许内网开发区能访问开发测试区	AR2	高
M5	为AS001（应用服务器主）和AS002（应用服务器备）安装最新补丁	QR12	高
M6	禁用SW004（核心交换机）上TELNET协议，如确实有必要开启远程连接，则由管理员授权使用最新版本SSH协议	QR3 QR4	中
M7	定期安全扫描，及时对操作系统的安全补丁进行更新	QR12 QR13	中

（续表）

措施编号	控制措施	对应风险	优先级
M8	落实管理检查措施，强调在办公主机使用外来存储设备时，员工必须先检测恶意代码	AR3	低
M9	修订计划，督促按计划修订总体安全策略	AR1	低
M10	准备异地场所，对备份结果实施异地保存	AR4	低
M11	定期组织相关人员进行信息安全培训	AR3 AR10	低
…	…	…	…

在选择合适的风险处置措施后，实施团队立即开始编写《风险处置计划》，以方案计划的形式说明和指导后续的风险处置实施过程。

5.6.2 风险处置实施

实施团队提出《风险处置计划》并提交到风险管理决策层，决策层在审议批准后，实施团队即可按照该计划方案实施风险处置。

负责实施的人员应严格依据所制订的风险处置计划进行，并对残余风险进行评估和判断。当进行处置过后，若残余风险已经处于组织可以接受或者容忍的范围之内，则处置过程结束，若残余风险依然对组织有较大的威胁，则进行循环处置，直到残余风险接近可接受和容忍的范围。

同时，负责实施的人员应该认真记录风险处置的过程，将实施过程中的目标、实施位置、工具、实施时间以及详细的实施过程记录下来。

5.6.3 形成成果文档

风险处置阶段主要的成果文档包括《风险处置计划》和《风险处置实施记录》。其中，《风险处置计划》的主要内容应包括目标、原则、选择的控制措施和优先级、负责处置的团队和人员、时间进度安排、预期结果和意外状况处理方案等；《风险处置实施记录》的主要内容应包括控制措施内容、实施位置、实施人员和工具、实施时间、实施过程以及实施结果、确认签字等。

5.7 批 准 监 督

批准监督，是对风险评估和风险处置的结果的批准和持续监督。因此，在实施上述风险识别、风险分析与评价、风险处置的过程中及实施完成后，实施团队要将有关文档整理完成后及时提交给风险管理决策层。风险管理决策层应对这些文档进行审查和批准。

在实施完成风险处置过程后，若残余风险可接受且安全措施能够满足当前业务安全需求，则决策层应当通过评审并批准本次风险管理过程，并要求风险管理团队开展持续监督工作，以确保在信息系统和安全环境发生变化时，能及时判断是否影响信息系统的安全性以及采取必要措施。

当 RY 公司的业务目标和环境特性发生变化或面临新的风险时，风险管理团队需要明确提出再次执行风险管理过程，即确定范畴、评估准备、风险识别、风险评估与评价、风险处置和批准监督等过程。这是一个螺旋式上升的过程，用于确保业务系统能够不断应对新的安全需求和风险。

附录A　风险评估的工具和方法

附录A.1　风险评估的工具

信息安全风险评估是信息安全保障工作中的一种科学方法，要准确地评价信息系统中的薄弱点和风险状况，除了依靠评估人员的技能外，评估工具也是一个重要环节。风险评估工具是信息安全风险评估中不可或缺的重要组成部分，它作为信息安全风险评估的一个重要辅助手段，对准确识别风险、采取有效控制措施有重要的帮助。风险评估工具是确保风险评估结果可信度的一个关键性因素。信息安全风险评估工具不仅仅是在一定程度上解决了手动评估的局限性，最主要的是它能够集中专家知识，从而使这种经验和知识被广泛使用。

目前对风险评估工具的分类还没有一个统一的理解。

风险评估工具可以根据评估过程中的主要任务和作用原理的不同分为三类：风险评估与管理工具、系统基础平台风险评估工具、风险评估辅助工具。

1. 风险评估与管理工具

风险评估的过程与操作方法是由风险评估与管理工具进行规范的，这种工具根据信息所面临的威胁的不同分布进行全面考虑，在风险评估的同时，根据面临的风险，提供相应的控制措施和解决办法。风险评估与管理工具通常建立在一定的模型或算法之上，风险由关键信息资产、资产所面临的威胁以及威胁所利用的脆弱点三者来确定，如 RA。也有的通过建立专家系统，基于专家经验，对输入输出进行模型分析，进行风险分析，给出专家结论，这种评估工具需要不断进行知识库的扩充，以适应不同的需要，如 COBRA。

此类工具实现了对风险评估全过程的实施和管理，包括：被评估信息系统基本信息获取、资产信息获取、脆弱性识别与管理、威胁识别、风险计算、评估过程与评估结果管理等功能。评估的方式可以通过问卷的方式，也可以通过结构化的推理过程，建立模型，输入相关信息，得出评估结论。通常这类工具在风险评估结束后会针对性地提出风险控制措施。其中，风险评估与管理工具又可以分为以下三种类型。

（1）基于信息安全标准的风险评估与管理工具。目前，国际上存在多种不同的风险分析标准或指南，如 NIST SP 800-30、BS7799、ISO/IEC 13335 等。依据国际上的这些风险分析标准和指南分别开发了相应的评估工具，包括 ASSET、CC Toolbox 等。

（2）基于知识的风险评估与管理工具。基于知识的风险评估与管理工具主要是通过将各种风险分析方法综合，结合具体的实践经验，并依据一定的标准或指南，形成风险评估知识库，进而完成整体风险评估。

（3）基于模型的风险评估与管理工具。基于标准或基于知识的风险评估与管理工具，使用的是定性、定量及定性和定量相结合的分析方法。而基于模型的风险评估与管理工具指的是在对系统各组成部分、安全要素等进行充分研究之后，再对典型信息系统的资产、威胁、脆弱性建立量化或半量化的模型，然后根据采集信息的输入，最终得到评价的结果。

2. 系统基础平台风险评估工具

系统基础平台风险评估工具主要用于对信息系统的主要部件（如操作系统、数据库系统、网络设备等）的弱点进行分析，包括脆弱性扫描工具和渗透性测试工具。脆弱性扫描工具又称为安全扫描器、漏洞扫描仪等，评估网络或主机系统的安全性并且报告系统脆弱点。这些工具能够扫描网络、服务器、防火墙、路由器和应用程序，发现其中的漏洞。一般情况下，系统基础平台工具能够发现软硬件中已知的安全漏洞，以确定系统是否易受已知攻击的影响，并且寻找系统脆弱点，比如安装方面与建立的安全策略相悖等。

脆弱性扫描工具是目前信息安全领域中应用最为广泛的风险评估工具之一，它主要可以对操作系统、数据库系统、网络协议、网络服务等进行安全脆弱性检测，常用的工具有以下几种类型：

（1）基于网络的扫描器；

（2）基于主机的扫描器；

（3）分布式网络扫描器；

（4）数据库脆弱性扫描器。

渗透性测试是一种模拟性的攻击测试，主要是根据脆弱性扫描工具扫描的结果进行，通过渗透测试可以判断漏洞被非法访问者利用的可能性。渗透测试工具通常包括黑客工具、脚本文件。渗透测试的目的是测试脆弱性扫描工具扫描的脆弱性是否真的会给系统或网络带来影响。

一个好的漏洞扫描工具应该包括以下几个特性：

- 最新的漏洞检测库；
- 扫描工具必须准确并使误报率减少到最小；
- 扫描器中有某种可升级的后端，能够存储多个扫描结果并提供趋势分析的手段；
- 应能够清晰且准确地弥补发现问题的信息。

3. 风险评估辅助工具

风险评估辅助工具在风险评估过程中不可缺少，它用来收集评估所需要的数据和资料，帮助完成现状分析和趋势分析。如：

（1）检查列表。检查列表是依据特定的标准或者基线编制而成，列举了对特定系统进行审查的项目。检查列表是一种非常有效的风险评估辅助工具，它可以让操作者快速定位系统目前的状况和特定标准之间的差距。

（2）入侵检测系统。入侵检测系统可以搜集和处理整个网络中的通信信息，可以获取各种入侵攻击事件，从而帮助系统检测来自各方面的攻击试探或误操作。

（3）安全审计工具。用来记录网络操作行为，分析系统安全状况；审计记录能够可以当作评估中的安全现状原始数据，主要用来判断被评估对象威胁的来源。

（4）拓扑发现工具。接入被评估的网络，实现被评估网络中的资产发现。

（5）资产信息收集系统。以调查表的形式完成被评估信息系统的资产信息收集功能。

（6）其他。如用于评估过程参考的评估指标库、知识库、漏洞库、算法库、模型库等。

附录A.2 风险评估的方法

方法名	说明	用途	优缺点
头脑风暴法（Brain Storming）	头脑风暴法是指刺激并鼓励一群知识渊博的人员畅所欲言，以发现潜在的失效模式及相关危险、风险、决策标准或处理办法	头脑风暴法可以用作旨在发现问题的高层次讨论，也可以用作更细致的评审或是特殊问题的细节讨论	优点： (1) 激发了想象力，有助于发现新的风险和全新的解决方案 (2) 让主要的利益相关者参与其中，有助于进行全面沟通 (3) 速度较快并易于开展 缺点： 参与者可能缺乏必要的技术及知识，无法提出有效的建议
结构化（Structured Interviews）或半结构化（Semi-structured Interviews）访谈	在结构化访谈中，每个被访谈者都会被问起提示单上一系列准备好的问题，以鼓励被访谈者从另一个角度看待某种情况，因此就可以从那个角度识别风险。半结构化访谈与结构化访谈类似，但是可以进行更自由的对话，以探讨出现的问题	如果人们很难聚在一起参加头脑风暴法讨论会，或者小组内难以进行自由的讨论活动时，结构化和半结构化访谈就是一种有用的方法。 方法的最主要用途是识别风险或是评估现有风险控制措施的效果。它们可以用于某个项目或过程的任何阶段。它们是为利益相关者提供数据来进行风险评估的有效方式	优点： (1) 结构化访谈可以使人们有时间考虑有关某个问题的想法 (2) 一对一的沟通可以有更多机会对某个问题进行深度思考 缺点： (1) 引导员通过这种方式获得各种观点所花费的时间较多 (2) 可能会留有偏见，因其没有通过小组讨论加以消除

（续表）

方法名	说明	用途	优缺点
德尔菲法	德尔菲技术（Delphi）是在一组专家中取得可靠共识的程序。尽管该术语经常用来泛指任何形式的头脑风暴法，但是在形成之初，德尔菲技术的根本特征是专家单独、匿名表达各自的观点，同时随着过程的进展，他们有机会了解其他专家的观点	无论是否需要专家的共识，德尔菲技术可以用于风险管理过程或系统生命周期的任何阶段	优点： （1）由于观点是匿名的，因此更有可能表达出那些不受欢迎的看法 （2）所有观点有相同的权重，避免名人占主导地位的问题 缺点： 这是一项费力、耗时的工作
情景分析	情景分析是指通过分析未来可能发生的各种情景，以及各种情景可能产生的影响来分析风险的一类方法。 情景分析是类似“如果-怎样”的分析方法。未来总是不确定的，而情景分析使我们能够“预见”将来，对未来的不确定性有一个直观的认识。用情景分析法来进行预测，不仅能得出具体的预测结果，而且还能分析达到未来不同发展情景的可行性以及提出需要采取的技术、经济和政策措施，为管理者的决策提供依据	情景分析可用来帮助决策并规划未来战略，也可以用来分析现有的活动；情景分析可用来预计威胁和机遇可能发生的方式，以及如何将威胁和机遇用于各类长期及短期风险	优点：情景分析考虑到各种可能的未来情况，便于运用基于“高级-中级-低级”的传统方法而进行的预测 缺点： 在存在较大不确定性的情况下，有些情景可能不够现实
检查表法	检查表（Check-lists）是危险、风险或控制故障的清单，而这些清单通常是凭经验（要么是根据以前的风险评估结果，要么是因为过去的故障）进行编制的	检查表法可用来识别危险及风险或者评估控制效果	优点： （1）非专家人士可以使用 （2）有助于确保常见问题不会遗忘 缺点： 会限制风险识别过程中的想象力。它们往往基于已观察到的情况，因此会错过还没有被观察到的问题

（续表）

方法名	说明	用途	优缺点
预先危险分析（PHA）	预先危险分析是一种简单易行的归纳分析法，其目标是识别危险以及可能给特定活动、设备或系统带来危害的危险情况及事项	这是一种在项目开发初期最常用的方法。因为当时有关设计细节或操作程序的信息很少，所以这种方法经常成为进一步研究工作的前奏，同时也为系统设计规范提供必要信息。在分析现有系统，从而将需要进一步分析的危险和风险进行排序时，或是现实环境使更全面的技术无法使用时，这种方法会发挥更大的作用	优点： （1）在信息有限时可以使用 （2）可以在系统生命周期的初期分析风险 局限： PHA 只能提供初步信息。它不够全面也无法提供有关风险及最佳风险预防措施方面的详细信息
失效模式和效应分析（FMEA）及失效模式、效应和危害度分析（FMECA）	失效模式和效应分析（Failure Mode and Effect Analysis，简称 FMEA）是用来识别组件或系统未能达到其设计意图的方法	FMEA 有几种应用：用于部件和产品的设计（或产品）FMEA；用于系统的系统 FMEA；用于制造和组装过程的过程 FMEA；服务 FMEA 和软件 FMEA。 FMEA/ FMECA 可以在系统的设计、制造或运行过程中使用。然而，为了提高可靠性，改进在设计阶段更容易实施。 FMEA/ FMECA 也适用于过程和程序。例如，它被用来识别潜在医疗保健系统中的错误和维修程序中的失败	优点： （1）广泛适用于人力、设备和系统失效模式，以及硬件、软件和程序 （2）通过在设计初期发现问题，从而避免开支较大的设备改造 缺点： （1）只能识别单个失效模式，无法同时识别多个失效模式 （2）除非得到充分控制并集中充分精力，否则研究工作既耗时，又开支较大

（续表）

方法名	说明	用途	优缺点
危险与可操作性分析（HAZOP）	HAZOP 是危险与可操作性分析（Hazard and Operability studies）的英文首字母缩写，也是对一种规划或现有产品、过程、程序或体系的结构化及系统分析。该技术可以识别人员、设备、环境及/或组织目标所面临的风险。 HAZOP 过程是一种基于危险和可操作性研究的定性技术，它对设计、过程、程序或系统等各个步骤中，是否能实现设计意图或运行条件的方式提出质疑。该方法通常由一支多专业团队通过多次会议进行。 HAZOP 在识别过程、系统或程序的故障模式的原因和后果方面与 FMEA 类似	HAZOP 过程可以处理由于设计、部件、计划程序和人为活动的缺陷所造成的各种形式的对设计意图的偏离。这种方法广泛地用于软件设计评审中	优点： （1）为系统、彻底地分析系统、过程或程序提供了有效的方法 （2）有机会对人为错误的原因及结果进行清晰的分析 缺点： 很耗时，因此成本较高、对文件或系统/过程以及程序规范的要求较高
危险分析与关键控制点法（HACCP）	危险分析与关键控制点法（Hazard Analysis and Critical Control Points，简称 HACCP）为识别过程中各相关部分的风险并采取必要的控制措施提供了框架，以避免可能出现的危险，同时维护产品的质量可靠性和安全性。 HACCP 旨在确保在整个过程内通过控制，而不是通过检查终端产品来尽量降低风险	开展 HACCP 最初是为了保证美国宇航局太空计划的食品质量。目前，在食品链内运营的组织也利用 HACCP 来控制食品的物理、化学或生物污染物带来的风险，也用于医药生产和医疗器械方面	优点： （1）结构化的过程提供了质量控制并识别和降低风险的归档证据 （2）重点关注流程中预防危险和控制风险的方法及位置的可行性 缺点： HACCP 要求识别危险、界定它们代表的风险并认识它们作为输入数据的意义

（续表）

方法名	说明	用途	优缺点
保护层分析（LOPA）	作为一种半定量方法，保护层分析法（Layer protection analysis，简称LOPA）可估算与不期望事件或情景相关的风险。它分析了是否有足够的措施来控制或减缓风险。挑选出因果对，同时识别那些能够阻止初因演化为不期望后果的保护层。进行数量级计算，以确定保护措施足够充分，使得风险降低到可容忍（或可接受）水平	LOPA可以定性使用，以简单分析危险或原因事件与结果之间的保护层。LOPA也可以进行半定量分析，以使HAZOP或PHA之后的筛查过程变得更严格	优点： (1)与故障树分析或全面定量风险评估相比，它需要更少的时间和资源，但是比定性主观判断更为严格 (2)它有助于识别并将资源集中在最关键的保护层上 缺点： LOPA每次只能分析一个因果对和一个情景，并没有涉及风险或控制措施之间的相互影响
结构化假设分析（SWIFT）	它是一种系统的、团队合作式的研究方法，利用了引导员在讨论会上运用的一系列“提示”词或短语来激发参与者识别风险。引导员和团队使用标准的“假定分析”式短语以及提示词来调查正常程序和行为的偏差对某个系统、设备组件、组织或程序产生影响的方式	虽然SWIFT的设计初衷是针对化学及石化工厂的危险进行研究，但是该技术现在广泛地用于各种系统、设备组件、程序及组织。尤其是，它现在用来分析变化的后果以及由此带来的风险的变化或新产生的风险	优点：对团队的准备工作要求最低、速度较快，同时重大危险及风险在讨论会上能够很快突显出来 缺点：它要求经验丰富、能力较强、工作效率高的引导员，它需要精心的准备，这样才不会浪费讨论会团队的时间
风险矩阵	风险矩阵（Risk Matrix）是一种将定性或半定量的后果分级与产生一定水平的风险或风险等级的可能性相结合的方式。矩阵格式及适用的定义取决于使用背景，关键是要在这种情况下使用合适的设计	风险矩阵可用来根据风险等级对风险、风险来源或风险应对进行排序。它通常作为一种筛查工具，以确定哪些风险需要更细致的分析，或是应首先处理哪些风险，这需要提到一个更高层次的管理。它还可以用作一种筛查工具，以挑选哪些风险此时无须进一步考虑。根据其在矩阵中所处的区域，此类的风险矩阵也被广泛用于决定给定的风险是否被广泛接受或不接受	优点： (1) 比较便于使用 (2)将风险很快划分为不同的重要性水平 缺点： 必须设计出适合具体情况的矩阵，因此，很难有一个适用于组织各相关环境的通用系统

（续表）

方法名	说明	用途	优缺点
人因可靠性分析（HRA）	人因可靠性分析（Human reliability analysis，简称HRA）关注的是人因对系统绩效的影响，可以用来评估人为错误对系统的影响。 很多过程都有可能出现人为错误，尤其是当操作人员可用的决策时间较短时。问题最终发展到严重地步的可能性或许不大，但是有时，人的行为是唯一能避免最初的故障演变成事故的防卫	HRA 可进行定性或定量使用。如果定性使用，HRA 可识别潜在的人为错误及其原因，从而降低了人为错误发生的可能性；如果定量使用，HRA 可以为 FTA（故障树）或其他分析技术的人为故障提供数据	优点： (1) HRA 提供了一种正式机制，对于人在系统中扮演着重要角色的情况，可以将人为错误置于系统相关风险的分析中 (2) 对人为错误的模式和机制的正式分析有利于降低错误所致故障的可能性 缺点： 人的复杂性及多变性使我们很难确定那些简单的失效模式及概率
以可靠性为中心的维修	以可靠性为中心的维修（Reliability Centred Maintenance，简称 RCM）是一种识别故障管理策略的方法，目的是高效、有效地实现各类设备必要的安全性、可用性及运行经济性	RCM 用来确保可维护性，主要用于设计和开发阶段，然后在运行和维修阶段实施	优点： (1) 对关键过程的认识，使组织有能力继续实现其既定目标 (2) 有机会重新界定组织的运行过程，以增强组织的灵活性 缺点： 那些参与完成调查问卷并开展访谈或讨论会的参与方缺乏某些知识
根原因分析	为了避免重大损失的再次发生，对重大损失进行的分析通常称作根原因分析（Root Cause Analysis，简称 RCA）、故障根本原因分析（Root Cause Failure Analysis，简称 RCFA）或者损失分析（Loss Analysis）。RCAF 关注的是各类故障引起的资产损失，而损失分析主要关注的是外部因素或灾难引起的财政或经济损失	RCA 适用于各种环境，拥有广泛的使用范围： 1. 安全型 RCA 用于事故调查和职业健康及安全；故障分析用于与可靠性及维修有关的技术系统； 2. 生产型 RCA 用于工业制造的质量控制领域； 3. 过程型 RCA 关注的是经营过程； 4. 作为上述领域的综合体，系统型 RCA 主要用于处理复杂系统的变革管理、风险管理及系统分析中	优点： (1) 让合适专家在团队环境下工作 (2) 分析各种可能的假设 (3) 结构化分析 缺点： (1) 关键证据可能在故障中被毁或在清理中被删除 (2) 团队可能没有足够的时间或资源来充分评估情况

（续表）

方法名	说明	用途	优缺点
潜在分析（Sneak Analysis）和潜在通路分析（SCA）	潜在分析是一种用于识别设计错误的方法。潜在条件不是因部件故障而发生，而是一种可能会造成不良事项的发生或阻止预期事项发生的潜在硬件、软件或集成的状态。这些状况的特点是具有随意性，在最严格的标准化系统检查中也会检测不到	潜在分析是用来描述潜在通路分析扩大范围的术语。潜在分析涵盖并超出了潜在通路分析的范畴。潜在分析可以使用任何技术来确定软硬件问题	优点： （1）潜在分析有利于识别设计错误； （2）非常有利于处理那些有多重情况的系统，例如配料车间和半配料车间。 缺点： （1）根据其是否适用于电路、加工厂、机械设备或软件，该过程会有所不同； （2）该方法离不开建立正确的网络树
因果分析	因果分析（Cause and Consequence Analysis，简称 CCA）综合了故障树分析和事件树分析，它开始于关键事件，同时通过结合“是/否”逻辑来分析结果	最初，因果分析是作为关键安全系统的可靠性工具而开发出来的，可以让人们更全面地认识系统故障	因果分析的优点相当于事件树及故障树的综合优点。而且，通过分析一段时间内发展变化的事项，这种分析克服了那两种技术的局限 局限是它的建构过程要比故障树和事件树更复杂，同时在定量过程中必须处理依存关系
风险指数	风险指数（Risk Indices）是对风险的半定量测评，是利用顺序标度的记分法中得出的估算值。风险指数可以用来对使用相似标准的一系列风险进行评分，以便对风险进行比较。得分可用于风险的各组成部分，例如污染物特征（来源）、可能暴露路径的范围，以及对接收方的影响。尽管是风险评估的组成部分，风险指数主要用于风险分析	如果充分理解系统，可以用指数对与活动相关的不同风险分级。指数允许将影响风险等级的一系列因素整合为单一的风险等级数字。 风险指数可作为一种范围划定工具用于各种类型的风险，以根据风险水平划分风险。这可以确定哪些风险需要更深层次的分析以及可能进行定量评估	优点： （1）风险指数可以提供一种有效的划分风险等级的工具 （2）它们可以让影响风险等级的多种因素整合到对风险等级的分析中 缺点： 如果过程（模式）及其输出结果未得到很好确认，那么可能使结果毫无意义。输出结果是风险值这一点可能会被误解和误用，例如在随后的成本效益分析中

（续表）

方法名	说明	用途	优缺点
故障树分析（Fault Tree analysis，简称FTA）	故障树是用来识别并分析造成特定不良事件（称作顶事件）因素的技术。因果因素可通过归纳法进行识别，也可以按合乎逻辑的方式进行编排并用树形图进行表示，树形图描述了原因因素及其与重大事件的逻辑关系	故障树可以用来对故障（顶事件）的潜在原因及途径进行定性分析，也可以在掌握因果事项可能性的知识之后，定量计算重大事件的发生概率	优点： （1）它提供了一种系统、规范的方法，同时有足够的灵活性，可以对各种因素进行分析，包括人机交往和客观现象等 （2）FTA 对具有许多界面和相互作用的分析系统特别有用 缺点： 计算出的顶事件的概率或频率很不确定；当不能准确知道基础事件故障概率时，可能导致高度的不确定性；当然，对于一个被充分理解的系统有可能得到高的可信度
事件树分析（ETA）	事件树（Event Tree Analysis，简称 ETA）是一种表示初始事件之后互斥性后果的图解技术，其根据是为减轻其后果而设计的各种系统是否起作用。它可以定性和定量地应用	ETA 可用于初始事件后建模、计算和排列（从风险观点）不同事故情景。ETA 可以用于产品或过程生命周期的任何阶段。它可以进行定性使用，有利于群体对初因事项之后可能出现的情景及依次发生的事项进行集思广益，同时就各种处理方法、障碍或旨在缓解不良结果的控制手段对结果的影响方式提出各种看法	优点： 它能说明时机、依赖性，以及故障树模型中很烦琐的多米诺效应 缺点： 为了将 ETA 作为综合评估的组成部分，一切潜在的初因事项都要进行识别。这可能需要使用其他分析方法（如 HAZOP，PHA），但总是有可能错过一些重要的初因事项
决策树分析	考虑到不确定性结果，决策树（Decision tree）以序列方式表示决策选择和结果	决策树用于项目风险管理和其他环境中，以便在不确定的情况下选择最佳的行动步骤。图形显示也有助于沟通决策原因	优点： 对于决策问题的细节提供了一种清楚的图解说明，能够计算到达一种情形的最优路径 缺点： 大的决策树可能过于复杂，不容易与其他人交流

（续表）

方法名	说明	用途	优缺点
蝶形图分析	蝶形图分析（Bow Tie Analysis）是一种简单的图解形式，用来描述并分析某个风险从原因到结果的路径	蝶形图分析被用来显示风险的一系列可能的原因和后果	优点：用图形清晰表示问题，便于理解，且使用时不需要较高的专业知识水平 缺点：无法描述当多种原因同时发生并产生结果时的情形
层次分析法	层次分析法（Analytic Hierarchy Process，简称AHP）为问题的决策和排序提供了一种新的、简洁而实用的建模方法，它特别适用于那些难于完全定量分析的问题	层次分析法具有系统性、灵活性、实用性等特点，在目标因素结构复杂且缺乏必要数据的情况下使用更为方便，同时它也被广泛应用于社会、经济、科技、规划等很多领域的评价、决策、预测、规划等	优点： 较好地体现了定性与定量分析相结合的思想。在实施决策的过程当中，决策人员能够直接参与决策，决策人员的定性思维过程被数学化、模型化，且保持了思维过程的一致性 缺点： 比较、判断过程较为粗糙，不能用于精度要求较高的决策问题
在险值法（VaR）	VaR是完全基于统计分析基础上的风险度量技术。目前，基于VaR度量的金融风险已成为国外大多数金融机构广泛采用的衡量金融风险大小的方法	利用VaR可以比较全面地描述和评估风险。企业可以用在险值统一度量其面临的市场风险、信用风险等。另外，在险值可以对企业管理层的资源配置和投资决策起到参考作用，如衡量公司各产品业绩、调整交易员的收益行为、实施风险限额和头寸控制等	优点： （1）过程简单，结果简洁 （2）可以事前计算风险，不像以往风险管理的方法都是在事后衡量风险大小 缺点： 过分依赖统计数据和模型，当统计数据不足时难以支持可信赖的在险值模型，比如一次性投资决策的数据

（续表）

方法名	说明	用途	优缺点
均值-方差模型	均值-方差模型（Mean-Variance Model）是组合投资理论研究和实际应用的基础。均值-方差模型揭示了“资产的期望收益由其自身的风险的大小来决定”这一重要结论，即资产（单个资产和组合资产）由其风险大小来定价，单个资产价格由其方差或标准差来决定，组合资产价格由其协方差来决定	该方法常用于实际的证券投资和资产组合决策	优点： 均值-方差模型通过数理方法描绘出了资产组合选择的最基本、最完整的框架，具有开创性，是目前投资理论和投资实践的主流方法 缺点： 没有考虑到收益的非正态分布，而多数实证研究表明证券收益率不一定服从正态分布
资本资产定价模型（CAPM）	CAPM 主要研究证券市场中资产的预期收益率同风险资产之间的关系，以及均衡价格是如何形成的	CAPM 广泛应用在投资决策及公司理财领域，一般用于评估已经上市的不同证券价格的合理性；帮助确定准备上市证券的价格；能够估计各种宏观和宏观经济变化对证券价格的影响	优点： CAPM 模型是金融市场价格理论的经典模型，作为第一个不确定性条件下的资产定价的均衡模型，具有重大的历史意义 缺点： CAPM 模型由于其严格的理论假设和对现实环境的高度抽象，影响和限制了其应用范围和效果
FN 曲线	FN 曲线（FN Curves）是能给特定人群带来特定危害的各类事项可能性的图形表示。在大多数情况下，它们指的是出现一定数量伤亡的频率	FN 曲线可用来比较风险，例如将预计风险与 FN 曲线规定的标准相比，或是将预计风险与历史事项中的数据相比，或与决策标准（也在 FN 曲线中表示）相比。 FN 曲线可用于系统或过程设计，或是用于现有系统的管理	优点： FN 曲线是描述可为管理人员和系统设计师使用的风险信息的有效手段，有利于做出风险及安全水平方面的决策。作为一种有效途径，它们能以便于理解的形式来表示频率及后果信息 缺点： 局限性是，它们无法说明影响范围或事项结果，而只能说明受影响人数

（续表）

方法名	说明	用途	优缺点
马尔可夫分析	马尔可夫分析是一项定量技术，可以是不连续的（利用状态间变化的概率）或者连续的（利用各状态的变化率）。这种分析通常用来分析那些存在多重状况的可维修系统，而可靠性框图分析不适合对该系统进行充分分析	马尔可夫分析技术可用于各种系统结构（无论是否需要维修），包括： 1．串联系统中相互独立的部件 2．并联系统中相互独立的部件 3．负荷分载系统 4．备用系统，包括发生转换故障的情况，降级系统	优点： 能够计算出具有维修能力和多重降级状态的系统的概率 缺点： 无论是故障还是维修，都假设状态变化的概率是固定的
蒙特卡罗模拟分析（MonteCarlo simulation）	很多系统过于复杂，无法运用分析技术对不确定性因素的影响进行模拟，但可以通过考虑投入随机变量和运行 N 次计算（即所谓模拟）的样本，以便获得希望结果的 N 个可能成果	方法通常用来评估各种可能结果的分布及值的频率，例如成本、周期、吞吐量、需求及类似的定量指标	优点： 模型便于开发，并可根据需要进行拓展，敏感性分析可以用于识别较强及较弱的影响 缺点： 依赖于能够代表参数不确定性的有效分布
贝叶斯统计及贝叶斯网络	贝叶斯统计学是由 1763 年逝世的托马斯·贝叶斯爵士创立的理论。其前提是任何已知信息（先验）可以与随后的测量数据（后验）相结合，在此基础上去推断事件的概率	贝叶斯网已用于各种领域：医学诊断、图像仿真、基因学、语音识别、经济学、外层空间探索，以及今天使用的强大的网络搜索引擎	优点： 推导式证明易于理解，贝叶斯规则是必要因素 缺点： 对于复杂系统，确定贝叶斯网中所有节点之间的相互作用是相当困难的

附录B　系统调研调查表

表 B-1　单位基本情况调查表

单位全称					简称		
单位情况简介							
单位所属类型	□党政机关　国家重要行业、重要领域或重要企事业单位　□一般企事业单位 □其他类型						
单位地址							
邮政编码							
负责人姓名		电话		传真		电子邮件地址	
联系人		电话		传真		电子邮件地址	
上级主管部门							

表 B-2　参与测评项目相关人员名单

序号	人员名称	所属部门	职务/职称	负责范围	联系方式
1					
2					
3					

表 B-3　信息资产登记表

资产名称	所属系统名称	关键业务数据	IP 地址	资产用途	操作系统	管理员	主要应用平台	位置	资产编号

表 B-4　信息系统等级情况

序号	信息系统名称	安全保护等级	业务安全保护等级	系统服务安全保护等级	承载业务应用

表 B-5　“外联线路及设备端口”网络边界情况

序号	外联线路名称	所联网络区域	连接对象名称	接入线路种类	传输速率	线路接入设备	承载主要业务应用	备注
1								
2								

表 B-6 “信息系统网络结构”环境情况

序号	网络功能区域名称	主要业务和信息描述	IP/网段地址	子网掩码	服务器数量	终端数量	网络区域边界设备	与其连接的其他网络区域	重要程度	责任部门
1										
2										

表 B-7 安全设备情况

序号	网络安全设备名称	型号	物理位置	所属网络区域	IP 地址/掩码/网关	系统及运行平台	端口类型及数量	是否热备	备注
1									

表 B-8 网络设备情况

序号	网络设备名称	型号	物理位置	所属网络区域	IP 地址/掩码/网关	系统软件及版本	端口类型及数量	主要用途	是否热备	重要程度	备注
1											
2											

表 B-9 终端设备情况

序号	终端设备名称	型号	物理位置	所属网络区域	设备数量	IP 地址/掩码/网关	操作系统	安装的应用系统软件名称	涉及的数据	主要用途	重要程度
1											

表 B-10 服务器设备情况

序号	服务器设备名称	型号	物理位置	所属网络区域	IP 地址/掩码/网关	操作系统版本及补丁	安装的数据库系统	承载的主要业务应用	安装的应用系统软件名称	涉及业务数据	是否热备	重要程度
1												
2												

表 B-11 应用系统软件情况

序号	应用系统软件名称	开发商	硬件/软件平台	C/S 或 B/S 模式	涉及数据范围	现有用户数量	主要用户角色	中间件	数据库
1									

表 B-12　业务系统功能登记表

煤电气运营监测与分析系统功能登记表		
编号	功能名称	说明
1		
2		
3		

表 B-13　信息系统承载业务（服务）表

序号	业务名称	业务描述	业务处理信息类别	用户数量	用户分布范围	涉及的应用系统软件	是否 24 小时运行	是否可以脱离系统完成	重要程度	责任部门
1										
2										

表 B-14　业务数据情况调查

序号	数据库名称	数据使用者或管理者及其访问权限	数据安全性要求			数据总量及日增量	涉及业务应用	涉及存储系统与处理设备
			保密	完整	可用			
1								
2								

表 B-15　数据备份情况

序号	备份数据名	介质类型	备份周期	保存期	是否异地保存	过期处理方法	所属备份系统
1							

表 B-16　应用系统软件处理流程（多表）

应用系统软件处理流程图（应用软件名称）	应用系统软件处理流程图（应用软件名称）

表 B-17　管理文档情况调查

（a）制度类文档

序号	文档要求	相关文档名称	备注
1	机构总体安全方针和政策		
2	部门设置、岗位设置及工作职责定义		
3	授权审批、审批流程等		
4	安全审核和安全检查		

（续表）

序号	文档要求	相关文档名称	备注
5	管理制度、操作规程修订、维护		
6	人员录用、离岗、考核等方面的管理制度		
7	人员安全教育和培训		
8	第三方人员访问控制		
9	工程实施过程管理		
10	产品选型、采购		
11	软件外包开发或者自我开发		
12	测试、验收方		
13	机房安全管理		
14	办公环境安全管理		
15	资产、设备、介质安全管理		
16	信息分类、标识、发布、使用		
17	配套设施、软硬件维护		
18	网络安全管理		
19	系统安全管理		
20	系统监控、风险评估、漏洞扫描		
21	病毒防范		
22	系统变更控制		
23	密码管理		
24	备份和恢复		
25	安全事件报告和处置		
26	应急响应方法、应急响应计划等		
27	其他文档		

（b）记录类文档

序号	文档要求	备注
1	机房出入登记记录（包括第三方人员）	
2	机房基础设施维护记录	

（续表）

序号	文档要求	备注
3	各类会议纪要及记录（部门内、部门间协调会、领导小组）	
4	各类评审和修改记录（安全管理制度评审和修改记录、体系评审记录等）	
5	人员考核、审查、培训记录（人员录用、人员定期考核）、离岗手续	
6	各项审批和批准执行记录（来访人员进入机房审批、介质/设备外带审批、系统外联审批等）	
7	安全管理制度收发登记记录	
8	产品选型测试结果记录	
9	系统验收测试记录、报告	
10	介质归档、查询等的登记记录	
11	主机系统、网络、安全设备等的操作日志和维护记录	
12	机房日常巡检记录	
13	对主机、网络设备、应用软件等的监控记录和分析报告	
14	恶意代码检查、升级记录和分析报告	
15	备份过程记录	
16	变更方案评审记录和变更过程记录	
17	安全事件处理过程记录	
18	应急预案培训、演练、审查记录	
19	其他记录文档	

表 B-18　安全威胁情况

序号	安全事件调查	调查结果
1	是否发生过网络安全事件	□没有 □1 次/年 □2 次/年 □3 次及以上/年 □不清楚 安全事件说明：（时间、影响）
2	发生的网络安全事件类型（多选）	□感染病毒/蠕虫/特洛伊木马程序 □拒绝服务攻击 □端口扫描攻击 □数据窃取 □破坏数据或网络 □篡改网页 □垃圾邮件 □内部人员有意破坏 □内部人员滥用网络端口、系统资源 □被利用发送和传播有害信息 □网络诈骗和盗窃 □其他说明：
3	如何发现网络安全事件（多选）	□网络（系统）管理员检查发现 □通过事后分析发现 □通过安全产品发现 □有关部门通知或意外发现 □他人告知 □其他说明：
4	网络安全事件造成损失评估	□非常严重 □严重 □一般 □比较轻微 □轻微 □无法评估
5	可能得攻击来源	□内部 □外部 □都有（内、外） □病毒 □其他原因 □不清楚 攻击来源说明：
6	导致发生网络安全事件的可能原因	□未修补或防范软件漏洞 □网络或软件配置错误 □登录密码过于简单或未修改 □缺少访问控制 □攻击者使用拒绝服务攻击 □攻击者利用软件默认设置 □利用内部用户安全管理漏洞或内部人员作案 □内部网络违规连接互联网 □攻击者使用欺诈方法 □不知原因 □其他说明：
7	是否发生过硬件故障	□有（注明时间、概率） □无 造成的影响是：
8	是否发生过软件故障	□有（注明时间、概率） □无 造成的影响是：
9	是否发生过维护失误	□有（注明时间、概率） □无 造成的影响是：
10	是否发生过因用户操作失误引起的安全事件	□有（注明时间、概率） □无 造成的影响是：
11	是否发生过物理设施/设备被物理破坏	□有（注明时间、概率） □无 造成的影响是：
12	有无遭受自然性破坏（如雷击等）	□有（注明时间、概率） □无 若有请注明时间、后果：
13	是否发生过莫名其妙的故障	□有（注明时间、概率） □无 若有请注明时间、后果：